剪辑师宝典

视频剪辑思维与案例实战

杨超◎编著

電子工業出版社
Publishing House of Electronics Industry
北京•BEIJING

内 容 简 介

本书是一本将剪辑软件使用与剪辑理念法则相结合的剪辑教程，全书从基础操作开始，较为全面地讲解了 Premiere 2022 软件的使用方法，让零基础的读者也能够通过对本书的学习快速上手。在学习剪辑软件的同时，本书贯穿讲解剪辑的审美、剪辑的理念与剪辑的法则，帮助读者在学习软件的同时也能学习到剪辑理论。另外，本书还以案例形式介绍了抖音短视频的剪辑方法，书中对软件操作部分和案例部分的内容都配有视频讲解，以帮助大家更加直观、高效地学习。

本书既适合相关专业学生及零基础的剪辑爱好者入门学习，也适合影视从业者进阶提升剪辑功底使用。

图书在版编目（CIP）数据

剪辑师宝典：视频剪辑思维与案例实战 / 杨超编著. —北京：电子工业出版社，2023.3
ISBN 978-7-121-45072-3

Ⅰ.①剪… Ⅱ.①杨… Ⅲ.①视频编辑软件 Ⅳ.① TP317.53

中国国家版本馆 CIP 数据核字 (2023) 第 028687 号

责任编辑：李利健
印　　刷：北京天宇星印刷厂
装　　订：北京天宇星印刷厂
出版发行：电子工业出版社
北京市海淀区万寿路 173 信箱　　　邮编 100036
开　　本：787×980　1/16　印张：18　　字数：334.6 千字
版　　次：2023 年 3 月第 1 版
印　　次：2024 年 3 月第 3 次印刷
定　　价：108.00 元

凡所购买电子工业出版社图书有缺损问题，请向购买书店调换。若书店售缺，请与本社发行部联系，联系及邮购电话：（010）88254888，88258888。

质量投诉请发邮件至 zlts@phei.com.cn，盗版侵权举报请发邮件至 dbqq@phei.com.cn。

本书咨询联系方式：faq@phei.com.cn。

推荐序 1

在一个影像化的社会中，视频成为最重要的媒介载体之一，人们通过视频的拍摄、剪辑、发布进行思想传递。

法国思想家居伊·德波在《景观社会》中认为："我们的世界已经被拍摄"。人们被交织在看与被看的关系里，这是一种"以影像为中介的社会关系"。互联网时代，人人都是传播者与接受者，视觉呈现的内容对社会影响愈发广泛。在当下的传播实践中，视频内容的视觉化呈现依托其直观、鲜明、生动等特点，更加容易使受众把握内容认知，凭借强烈的形象性和即时性，视频内容使受众产生"眼见为实""一睹胜千言"的效果。

《剪辑师宝典：视频剪辑思维与案例实战》一书的出版对此而言具有积极的作用。很多人都想要通过自己的视频来讲述自己的故事，小到每个人的Vlog，大到自己剪辑的电影，视频剪辑带给我们更多的可能。视频起到了更多宣传、展示的作用，甚至还能够通过视频剪辑完成对产品的介绍，从而达到带货的目的。近年来视频剪辑传播后风靡全球的案例不胜枚举，例如，火神山和雷神山航拍出的"基建狂魔"、风靡海外的"李子柒现象"、抖音视频"一剪梅"和"飞驰而过的中国高铁"等关于社会的细节和亮点，都以视觉呈现的方式丰富了整个社会传播的内容。因此，明确视频主题，想好开头、结尾、字幕的效果和各段视频之间的衔接情况，掌握视频剪辑技巧和剪辑要点是每一个视频剪辑工作者都必须具备的能力。

《剪辑师宝典：视频剪辑思维与案例实战》的优势在于大量实践案例的使用，作者运用丰富的案例进行生动的讲解，为初学者提供了详细的思路，为想提高者提供了进阶的路径。全书的内容安排翔实，各部分相得益彰，是一本真正从实践出发，走向实践的视频剪辑类佳作。读者不仅能够通过该书的内容收获视频剪辑技巧的提升，更能够从中提高自我的审美能力和视频鉴赏能力。这种审美能力的提高往往比技巧更重要，因为懂得如何剪辑很简单，但要具备视频剪辑的审美力、传播力、共情力则是一个需要长期训练的过程。本书具有翔实的内容和清晰的思路，读者能够从中汲取出丰富的视频剪辑“养分”。

李　智
“广电业内”公众号主编
中国传媒大学媒体融合与传播国家重点实验室博士生

推荐序 2

在互联网高度发达的今天，视频已经成为人们记录生活、传递信息、商业宣传，以及艺术创作不可或缺的表达方式。在这样一个时代，每个人都可以学会用视频记录、用视频表达，甚至可以用视频来创造价值。而《剪辑师宝典：视频剪辑思维与案例实战》正是一本非常实用的视频剪辑图书，其中既包含软件操作，又包含影像语言和剪辑创作理念，致力于将剪辑知识落到实处，目的在于让读者能够学以致用。本书内容从实际中来，到运用中去，理论与实践完美融合，可以真正帮到想要学习视频剪辑工作的伙伴。

本书紧跟时代热点，从最热门的短视频剪辑创作出发，围绕抖音短视频制作，对视频剪辑涉及的Premiere软件和相关剪辑知识进行了细致讲解。将剪辑一个视频的全部流程拆开，结合软件逐一讲解和分析，教学设计科学合理，落到实处。比较可贵的是，书中还对剪辑过程中可能遇到的问题进行了提炼，并做出了解答。很多新手在学习过程中往往会陷入一个误区，认为看完书、上完课就会了，事实上，在实际操作过程中，他们会遇上各种各样的问题。因此，能够将一些常见问题进行汇总，对学习者将很有帮助。

《剪辑师宝典：视频剪辑思维与案例实战》中关于影像语言和剪辑理论的讲解，可以说是此书的精髓所在，建议读者在学习时一定花心思好好琢磨。有过从业经验的伙伴都知道，视频剪辑绝非仅仅学软件而已，学习视频的剪辑就如同我们小时候学写字一样，并不是我们学会用笔就学会了写字。我们一般需要学习文字的笔画、笔顺，了解文字的结构、构成等，再加上对文字和笔画有一定的理解，最终才能够学会写字、写好字。影像语言是学习视频剪辑的基础，它帮助我们读懂画面的意义，帮助我们了解视频构成的基本逻辑，起到一个视频剪辑指导思想的作用，让学习者在剪辑过程中有思路、有想法、有章可循，而不是无从下手。

本书中“剪辑时间与动机”内容的设置是具体到剪辑实处的技巧讲解，学习这部分内容对剪辑技巧的提升大有益处。好的视频剪辑师一般都是历经多次项目剪辑演练，且在此过程中积累了无数的剪辑经验才练就的。而衡量一个剪辑师水平到底如何，不仅仅看软件操作的熟练与否，更重要的还在于对具体剪辑场景的处理是否得当。这部分内容将项目剪辑过程中一些非常实用的剪辑理念和技巧逐一呈现出来，让学习者能够对具体的项目剪辑有一定的理解。而后再结合本书最后章节的抖音短视频剪辑案例，在实际的项目中进行综合使用，达到真正的学以致用。

本书作者一直从事影视后期制作相关的工作，具有相关的行业经验和丰富的影视剪辑从教经验。本书从最初想法的酝酿到最终成稿是一个漫长的过程，作者从基本的软件操作出发，总结自身在创作过程中的实战经验，再通过对影视剪辑理念的思考融合（先打磨文本，再形成相关的教学课件，而后将它们打磨成一套视频网络课程），最后形成图书。值得注意的是，本书内容是在网络课程对外发布后，结合学员的意见反馈和多次修正得到的。整体而言，作者为完成本书的撰写做足了功课，本书可以作为视频爱好者和学习者较好的参考资料。

黄斯文
短视频创作者
上饶师范学院广播电视编导专业负责人

前言

初学剪辑的爱好者经常容易进入一个误区，就是将学习剪辑技能等同于掌握一个剪辑软件。虽然在学习了剪辑软件之后，一个新手就能够快速地出片，这个过程中可以体会到一种创作的成就感，但这个过程实际上还只是在拼凑素材。在掌握了剪辑软件之后，初学者都会面临一个瓶颈，就是总觉得剪辑出来的作品节奏不对，不够流畅，或者缺少一种高级感。出现这种困扰的原因是剪辑理念的欠缺。剪辑软件只是一种工具，如果仅是学习工具的用法，忽略了使用工具的理念，是没有办法创作出好的作品的。

在长期的实践教学中，我们发现国内很多剪辑类的图书与实际工作有着明显的脱节现象。其中一部分图书偏重于软件操作，对剪辑软件的命令操作都进行了细致讲解，却很少涉及剪辑理念。另一部分图书则是注重视听语言理论，呈现出实用性弱、形式刻板、偏向于应试的问题。实际上，剪辑软件的使用和剪辑理念的学习是缺一不可的。

本书有着鲜明的实用性特色，既从零开始讲解剪辑软件的使用技巧，又结合电影案例具体生动地讲解剪辑的理念和法则。各章节之间的结构衔接合理，始终注重将理论和实践结合在一起，将软件学习作为实践的一种手段，提高读者的剪辑技巧，具有较强的知识性、实用性与针对性。

另外，书中对软件操作部分和案例部分的内容都配有视频讲解，以帮助大家更加直观、高效地学习，读者可以根据本书封底“读者服务”的提示获取相关视频。

本书在写作过程中得到了杨纪元、琚桂芳、李涵辞、李求知、谢燕、李竹君的协助。另外，黄强为本书统稿和修改做了重要贡献，在此一并表示感谢。

作　者

目录

第1章

快速学会剪一条抖音短视频

对新手而言，刚开打一款剪辑软件时通常会茫然无措、无从下手。其实我们学习一款软件时，完全不需要按照菜单功能的顺序去逐一学习，那样只会让我们觉得枯燥无趣。我们要明白，学习剪辑软件的目的是使用它来完成工作，而不是像软件工程师那样精通软件的每个功能。

本章将以一条视频剪辑的核心工作流程为线索，介绍Premiere 2022（以下简称Pr）软件在工作中最常用的功能，即项目的新建与保存、序列的创建方法、视频的基本剪辑技巧，以及如何添加视频转场并导出创作的视频。在学习这些技能之后，我们将运用这些技能来完成一个短视频的剪辑。相信学完本章的内容之后，你已经可以使用Pr进行工作了。

1.1 如何新建和保存一个项目

学会创建和管理项目是使用Pr软件的第一步。Pr的每项工作都是保存在项目文件（Pr项目又被称为“工程文件”，这是因为每个项目都是用来完成一个工程的）中的。比如，剪辑一个宣传片时，这个宣传片的工程就专门保存在一个项目文件中。本节将学习如何新建和保存一个项目。

（1）打开Pr软件时，可以看到项目管理窗口。用鼠标单击“新建项目”，即可新建一个项目（见图1-1）。新建项目前要先给项目起名，并选择保存路径。这里用鼠标单击“选择文件夹”，其他不用修改，单击“确定”按钮后，就可以完成项目的新建。

图1-1

（2）在新建的项目窗口中可以存放多种视频素材。将视频素材拖放在右边的编辑区域进行剪辑。当剪辑工作完成后，单击菜单栏中的“文件”→“保存”（也可以按快捷键“Ctrl + S”）（见图1-2），即可以保存项目。保存好后，文件即可存储在之前设定的路径中。

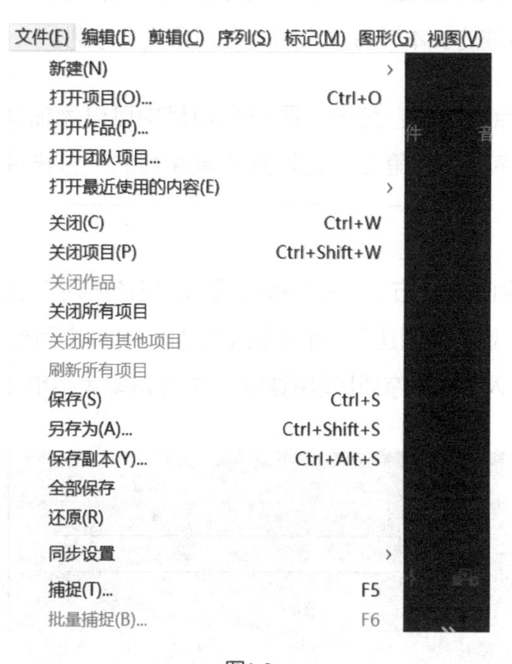

图1-2

提示

- 勤按“Ctrl＋S”组合键，以保存项目文件，防止文件丢失。
- Pr高版本的软件可以打开低版本的文件，但低版本的软件不能打开高版本的文件。
- 打开项目指的是打开一个Pr工程项目，而不是打开视频或者图片素材。
- 保存和导出操作是有区别的。导出是指导出视频文件。保存是指保存Pr的工程文件，便于之后剪辑或修改，它并不是视频文件。工程文件需要用Pr软件打开才能查看。

1.2 如何设置项目的序列

我们可以把项目文件看作一个大的容器，它像一个能装很多糖果的玻璃罐。而每个序列文件就像是装在玻璃罐中的糖果，它是一条剪辑时间线，我们的剪辑工作实际上就是在序列的剪辑时间线中完成的。本节将学习如何为项目设置序列。

设置序列时有两点要注意：第一，同一个项目中可以添加多个序列。序列中的素材也可以复制到不同的序列中。第二，尤其要注意序列的“分辨率”和“帧速率”的匹配问题。

（1）快速建立序列的一个方法，就是按住鼠标左键的同时将项目栏中的素材拖入右侧的时间轴（见图1-3）中，这样便创建了一个序列（见图1-4）。序列是剪辑的基础，可以把序列理解为时间线。这样拖入创建的序列是以视频素材的分辨率大小和帧速率为基准建立的。

图1-3

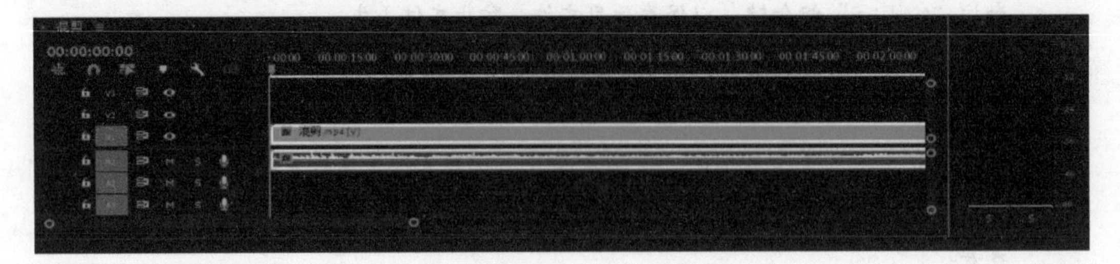

图1-4

（2）将素材拖入时间轴的方法有助于我们快速建立一个序列。但如果想自定义设置序列的参数，应该如何做？首先需要在项目窗口的空白处鼠标单击右键，在弹出的快捷菜单中选择“新建项目”→“序列”（见图1-5）。

图1-5

（3）在“序列设置”中即可查看序列的参数。设置的分辨率需要和素材的分辨率大小一致。在设置序列的“时基”时，电视制式和网络播放的视频的帧率一般为25帧/秒，电影一般为24帧/秒。“像素长宽比”通常选择方形像素；“场”通常选择无场（逐行扫描）；帧大小要和剪辑素材的分辨率大小匹配（见图1-6）。

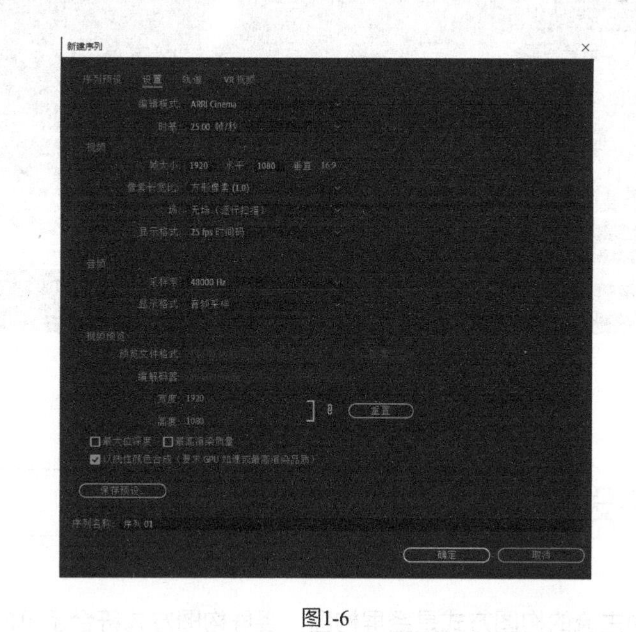

图1-6

（4）如果视频素材与序列设置不匹配，那么将视频素材拖入时间轴时，屏幕通常会弹出“剪辑不匹配警告”提示（见图1-7）。

图1-7

（5）在图1-7中，如果选择“更改序列设置”，序列就会以视频素材的参数为基准进行匹配调整。如果选择“保持现有设置”，那么序列的设置则不会改变，但这样也会导致视频放入序列后与序列不匹配的现象。如图1-8所示，就是选择“保持现有设置”的效果，素材在序列中被裁剪了。

图1-8

1.3 如何设置竖屏短视频的序列

当下短视频中主流的构图方式是竖屏构图，竖屏构图方式符合手机的持握习惯，方便进行上下滑动和切换。本节将介绍如何设置符合竖屏短视频的序列。

（1）如果拍摄的素材本身就是竖屏的，那么要设置竖屏序列就很简单了，根据1.2节介绍的内容，直接将视频文件拖入时间轴中，就会自动设置一个与竖屏短视频素材匹配的竖屏序列。

（2）如果视频素材是横屏的，就需要对序列的分辨率进行手动设置。在进行“序列设置”时使用“自定义”的设置方式，并将序列分辨率反转。如横屏素材的分辨率是1920像素×1080像素，那么将序列大小设置为1080像素×1920像素，这样就相当于将序列由横屏向竖屏做了90°的旋转。

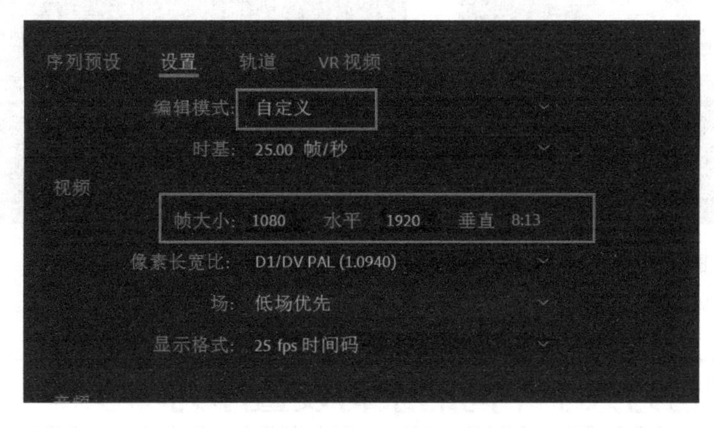

图1-9

（3）当我们建立了竖屏的序列后，画面就会变成竖屏形式，而我们的素材本身又是横屏的，这样就会遇到一个问题：素材放入序列之后会在上下位置都留下黑边（见图1-10）。上下的黑边是素材和序列不匹配导致的，我们可以通过调整素材的大小和构图来解决。

（4）要解决黑边的问题，可以将素材进行放大，让素材充满整个画面。具体的做法是：在时间轴轨道中选中视频素材（见图1-11），在左上角的效果控件中提高“缩放”的数值，让画面放大到能够将黑边填充满的状态。同时，我们通过调整“位置”的数值，可以让画面左右移动，从而改变画面构图。

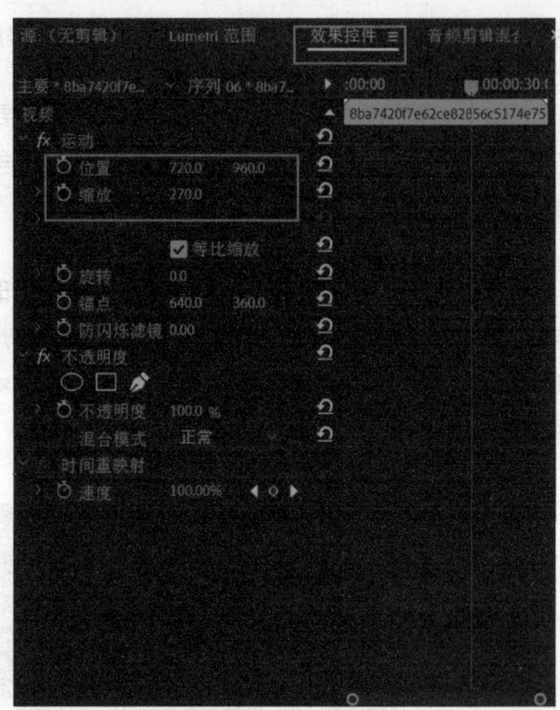

图1-10

图1-11

1.4 如何为大小不同的素材设置序列

在剪辑视频时，经常会遇到大小不统一的素材，但我们又需要将这些素材最终导出为一个视频，应该怎么统一这些素材的大小呢？对于这类情况，我们在设置序列时就需要特别注意。在素材大小不一的情况下，可以折中选择分辨率的大小，并以中间数值的分辨率为基准来设置序列分辨率，在剪辑时利用效果控件改变素材大小，让它和序列大小保持一致。

1. 设置序列

（1）在项目栏的空白处单击鼠标右键，在弹出的快捷菜单中选择“新建项目”→“序列”，然后选择“设置”，在编辑模式中选择“自定义”，然后按照需求设定数值即可。

如果视频素材的分辨率大小不同，在设置序列的分辨率大小时有以下几种情况。

- 所做的影片有明确的分辨率大小规定，那么此时只需要按要求设置序列的分辨率，让所有的视频大小与序列分辨率的大小匹配即可。
- 所做的影片没有分辨率大小的规定，需要自己酌情设定时，可以将序列的分辨率设置成素材中居中位置的分辨率大小。例如：素材大小分别是4096像素×2160像素、1920像素×1080像素、1080像素×720像素，那么序列可以设置成1920像素×1080像素，然后在效果控件中将其他的素材进行缩放。

（2）选中大小不统一的素材后，在左上角的编辑栏中单击“效果控件”，按住鼠标左键拖拉“缩放”，调整视频大小与序列匹配（见图1-12）。但需要注意一点：如果视频素材的分辨率小于序列设置的分辨率，放大素材会在一定程度降低画质，导致画面模糊。

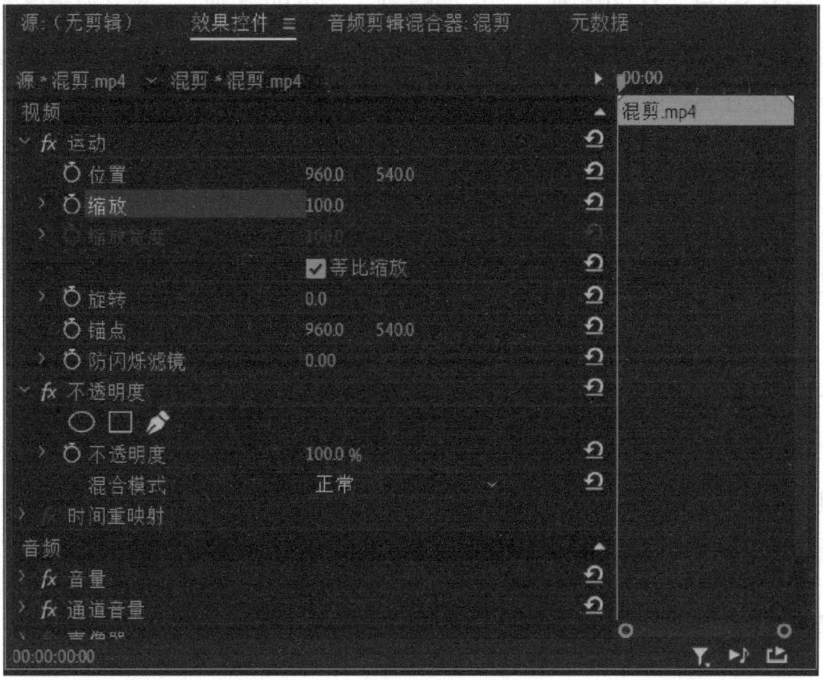

图1-12

2. 常用视频大小的设置

常用视频大小的设置：在项目栏的空白处单击鼠标右键，在弹出的快捷菜单中选择“新建项目”，选择“序列”，再选择“设置”，在编辑模式中找到“自定义”。

4K视频设置参数：帧大小为4096像素 × 2160像素。高清视频设置参数：帧大小为1920像素 × 1080像素。标清视频设置参数：帧大小为1280像素 × 720像素。除此之外的“像素长高比”选择“方形像素”；“场”选择“无场（逐行扫描）”；“显示格式”选择“25fps时间码”即可。为了便于之后的剪辑操作，我们可以将特殊要求的序列设定保存为预设。

3. 如何处理帧速率不同的视频素材

由于拍摄的设备不同，或者同一设备的拍摄帧速率设置不统一，都会造成视频素材的帧速率不同。对于这种情况，我们在设置序列的时基时，就要以低帧速为基准。举例来说，如果素材分别是“24.00帧/秒”“25.00帧/秒”“30.00帧/秒”，那么设置序列的时候，需要将时基设置为“24.00帧/秒”。因为高帧速放在低帧速的序列中不会出现任何问题，而低帧速的素材放在高帧速的序列中则会产生卡顿的现象。

1.5 剪辑的基本操作

我们都知道，Pr是一款剪辑软件，但这会让我们产生一种误解，认为剪辑是一项复杂的工作。其实剪辑工作本身的核心逻辑非常简单，就是将素材剪开并在时间线中重新组接。而其他所有的功能其实都是为这项核心操作流程服务的。本节将学习剪辑的基本操作，掌握这些知识后，你就可以开始使用Pr软件进行剪辑工作了。

1. 导入素材

（1）在项目管理器中单击鼠标右键，在弹出的快捷菜单中选择“导入”，导入相应的素材（见图1-13），或者可以从电脑的文件夹中直接把素材拖入到Pr软件的项目管理器中。

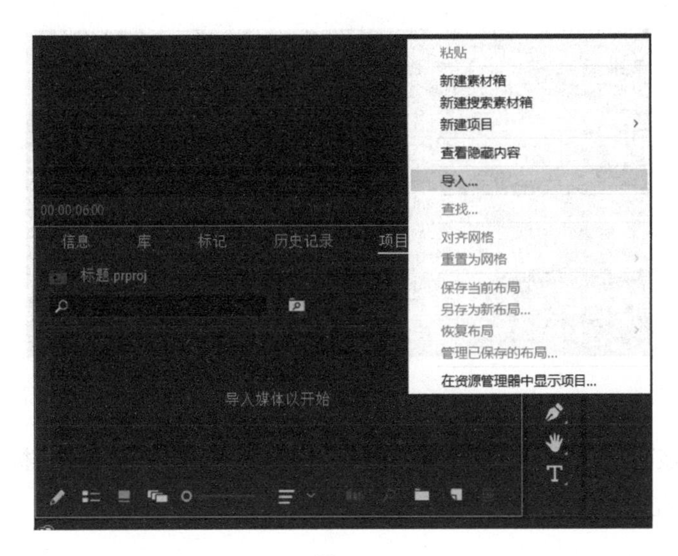

图1-13

（2）素材导入之后，鼠标左键按住素材，将其拖入右边的时间轴中进行剪辑（见图1-14）。

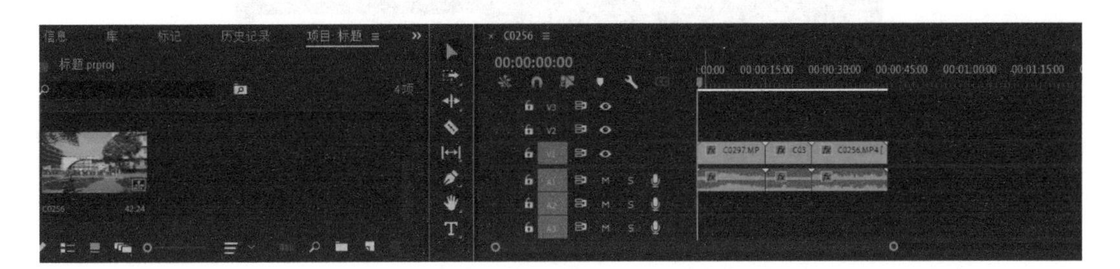

图1-14

2. 剪辑

（1）使用剃刀工具（快捷键为“C”），单击素材中需要剪切的地方（见图1-15），即可以将素材剪断。我们还可以使用快捷键“Ctrl+K”，这样可以将时间指针变成剃刀后用来剪断素材。

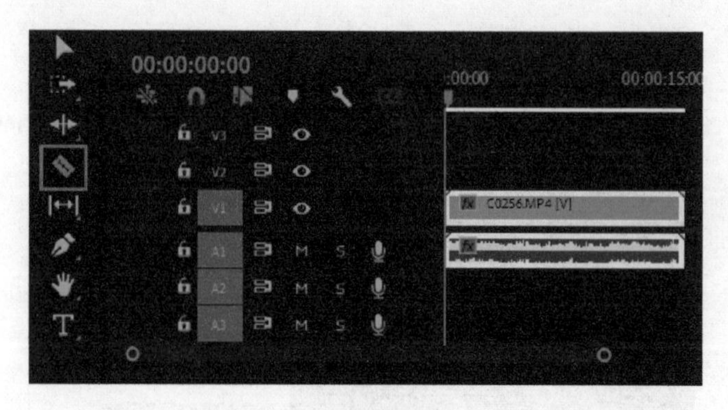

图1-15

（2）素材被剪断之后，使用选择工具（快捷键为“V”），按住鼠标左键拖动被剪断的素材，即可以在时间线中对素材进行重新组接（见图1-16）。

图1-16

（3）我们可以利用键盘上的“Delete”键对不需要的素材进行删除，但是删除后的素材会留下一段空缺。这时可以使用波纹编辑工具，快速删除不需要的视频素材，并且让后面的视频素材自动与前面对齐。

注意：所有的快捷键操作均在英文输入模式下进行。

（4）选择波纹编辑工具以后，将鼠标光标移至视频素材上，这时波纹编辑工具图标上会出现一条红线，说明此时该工具不可使用（见图1-17）。

图1-17

（5）这时可以将鼠标光标移动至两段视频的连接处，通过观察发现，鼠标光标变成了可编辑的模式，表示波纹编辑工具此时可使用（见图1-18）。

图1-18

（6）使用波纹编辑工具选中两段视频的连接处后向左拖动，那么第一段视频的“A”区域将被删除，同时第二段视频会自动向前与第一段视频无缝接上（见图1-19）。

图1-19

1.6 短视频中常用的转场方法

在剪辑短视频时，有些视频的连接会显得比较突兀，这时就需要添加转场来进行过渡。Pr软件提供了多种转场方式，下面将介绍几种常用的转场方式。学会这些转场方式后，大家可以举一反三，添加其他的转场方式。

（1）怎样添加转场？单击项目栏中的“效果”，在“视频过渡”下的“效果”选项中包含了各种转场方式。我们可以在下拉子菜单中找到“溶解”项（见图1-20）。然后鼠标左键按住需要添加的转场特效，将其拖到对应的两段视频素材之间即可（见图1-21）。

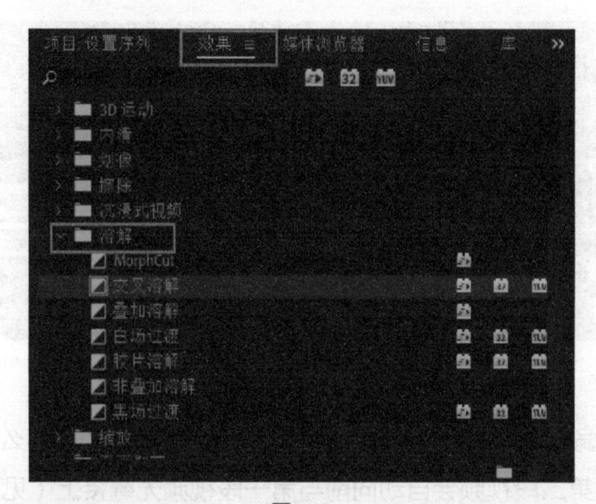

图1-20

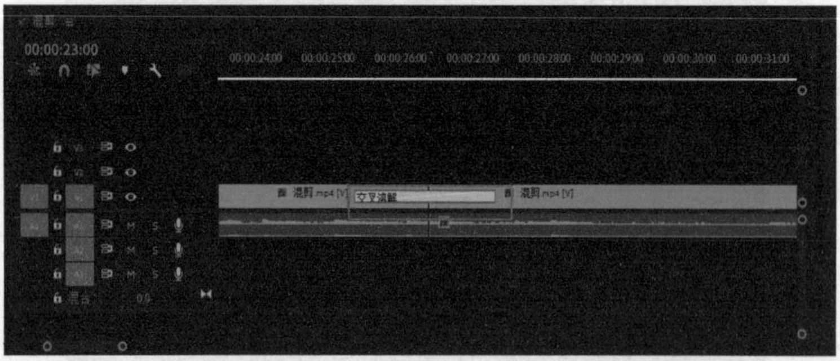

图1-21

（2）接下来要学会调整转场所覆盖的时长。单击已经嵌入两段素材之间的转场效果，在“效果控件”的右侧用鼠标左键拖动转场的“块”，即可改变转场的长度（见图1-22）。

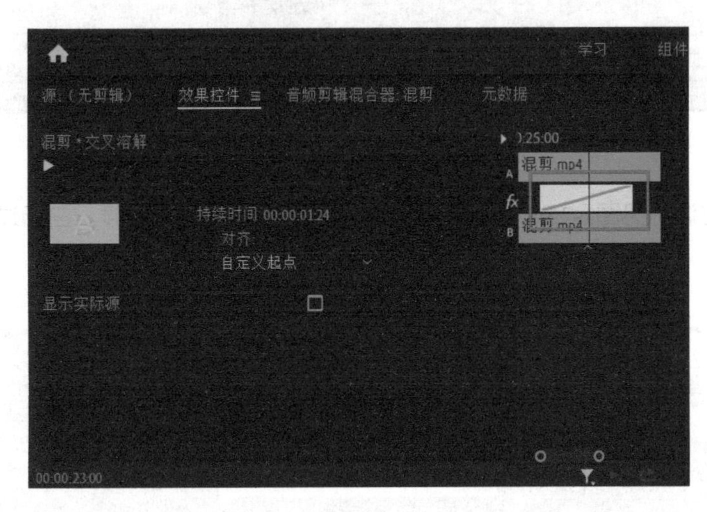

图1-22

（3）我们可以尝试使用常见的几种特效转场：交叉溶解、黑场过渡、白场过渡。它们的效果都比较自然，不会有很生硬的感觉。

1）交叉溶解（见图1-23）。两段视频相互融合，前面的视频渐隐，后面的视频渐显，视频画面重叠过渡。

图1-23

2）黑场过渡（见图1-24）。两段视频之间由一段黑色场景进行过渡，黑场过渡经常可以暗示落幕和结束。

图1-24

3）白场过渡（见图1-25）。两段视频之间由一段白色场景过渡。白场过渡有闪回，表示回忆的效果。

图1-25

如果画面能够顺利切换，不产生跳跃感，就尽量少添加转场，因为转场会影响观众的注意力。另外，也要避免使用太过花哨的转场，因为那样会影响观众对视频本身的关注点。

1.7 如何使用视频与音频轨道

Pr软件的剪辑都是在时间线面板的视频和音频轨道中完成的，它采用的是多条轨道协同工作的模式。我们在工作中经常需要对单独的轨道进行隐藏、锁定或静音操作。本节将介绍视频轨道和音频轨道中常用的功能。

（1）添加、删除轨道：将鼠标光标放置在轨道栏并单击鼠标右键，选择“添加轨道”或“删除轨道”（见图1-26）。通过这项操作可以自行定义轨道的数量。

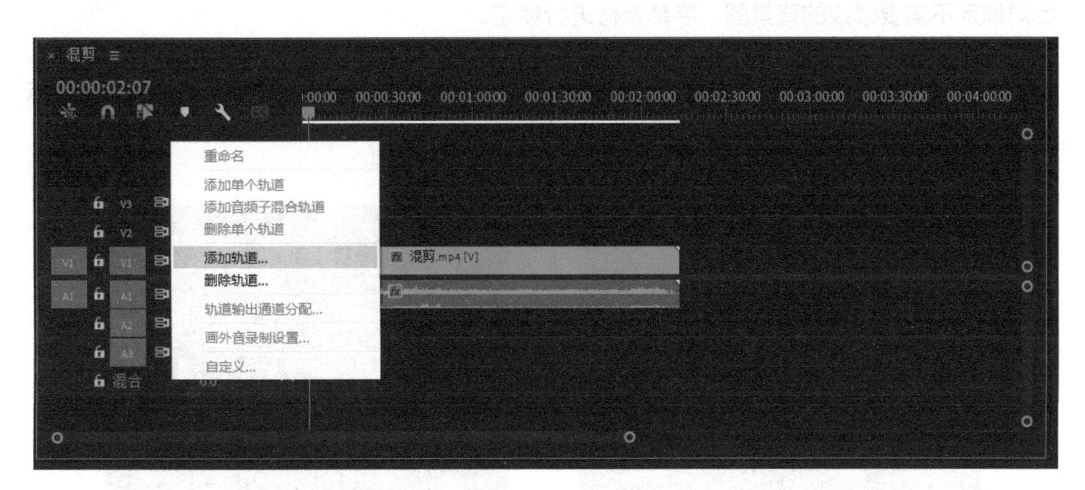

图1-26

（2）视频和音频在放入轨道时通常是被绑定在一起的，我们可以使用“链接选择项”（见图1-27）打断视频和音频的链接绑定，这样就可以对视频和音频进行单独操作。将它点亮后可以再次对视频和音频进行链接绑定。视频和音频的链接与否可以根据项目的需求灵活选择。

（3）眼睛图标（见图1-28）的功能是隐藏或显示所选轨道。关闭眼睛图标后，该轨道上的视频素材将不可见。

图1-27

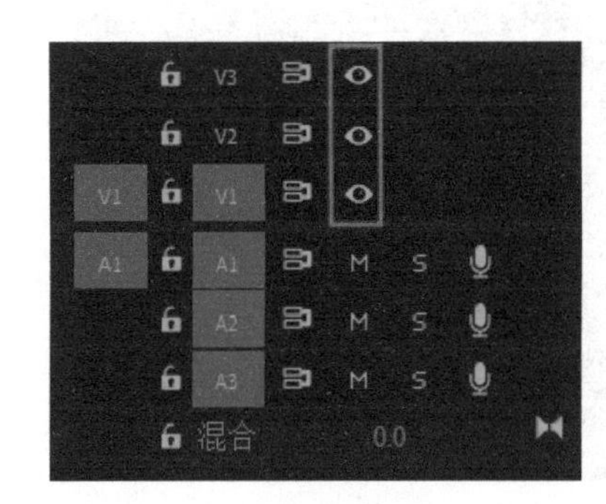

图1-28

（4）锁图标（见图1-29）的作用在于，如果一段视频或音频不需要更改，可以锁定该轨道。锁定的轨道不可以进行任何操作，这样可以避免剪辑时对其产生误操作。一般我们会对确定不需要修改的背景图、字幕素材进行锁定。

（5）音频轨道中的“M”表示将所选轨道静音（见图1-30），点亮轨道的“M”图标后，该轨道声音将被静音。

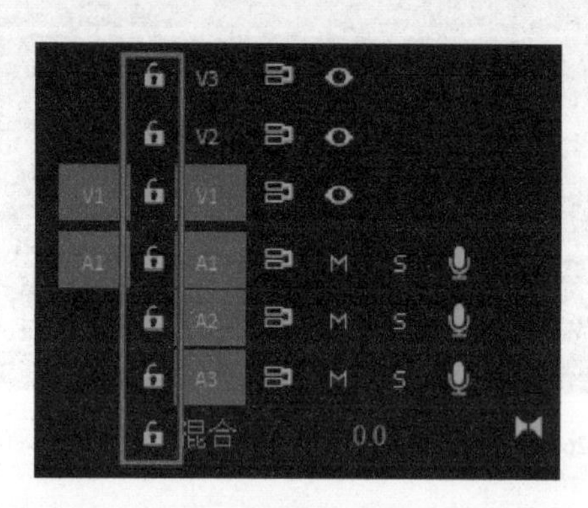

图1-29

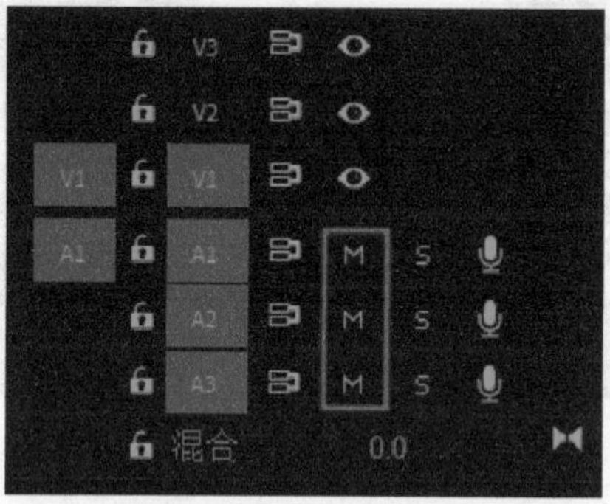

图1-30

（6）“S”表示独奏（见图1-31）。当按下“S”按钮时，其他音频都会静音，只有选择了独奏的轨道的音频可以播放。

（7）话筒图标：在自己的电脑连接了可录音设备的情况下，单击话筒的图标可以进行录音（见图1-32）。

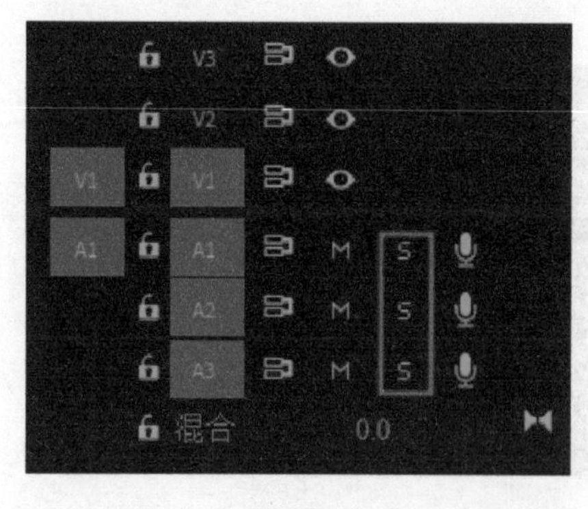

图1-31

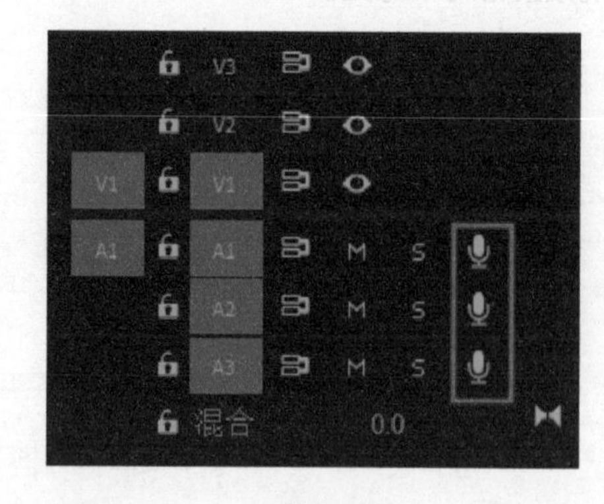

图1-32

注意： 视频和音频的层级关系是不同的。

视频轨道的层级关系是：上面的视频会遮挡下面的视频。

音频轨道的层级关系是：所有的音频会同时播放，上面的音频不会覆盖下面的音频。

提示

在拉动轨道的时候，不要将素材杂乱地堆积在轨道上，这样会造成工程文件的混乱，不利于统一管理。对于视频轨道，我们可以将字幕、图片、视频分别放在不同的轨道中。对于音频轨道，可以将音效、音乐、旁白等类型的声音放在不同的轨道中，这样能够保持工程的井然有序，从而提升剪辑工作的效率。

1.8 如何为画面添加字幕

在视频剪辑工作中，我们经常需要给画面添加标题字幕。目前Pr中添加字幕有两种方式，即新版字幕与旧版字幕。新版字幕是Pr 2022的字幕添加方式，旧版字幕则还是沿用了Pr cs系列的字幕添加方式。这两种字幕的添加方式不同，参数调整界面的布局也有所区别。新版字幕会直接在轨道中生成字幕素材，而旧版字幕标题在项目管理窗口中生成，需要手动拖入到轨道里。新版字幕和旧版字幕各有特点，我们可以在学习后根据自己的使用需求灵活选择。本节将介绍新版字幕的基本用法。

（1）新建标题字幕：鼠标单击工具栏中的“T”（文本工具）图标，即可直接在画面中输入字幕，同时视频轨道上也会出现对应的字幕素材（见图1-33）。

若输入的文字（见图1-34）中夹杂着方块，是所选的字体没有匹配的文字导致的，这时更改文字的字体即可。

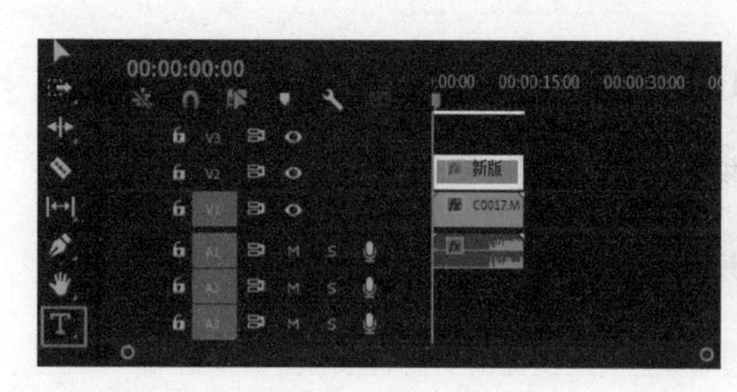

图1-33

图1-34

（2）修改字幕属性：选中视频轨道的字幕文件。在效果控件中，可以对字幕文件的各个属性进行操作，这里可以改变文字的大小、位置、样式、运动、颜色等基本属性。

1）蒙版（见图1-35）：单击文本下方的“⬭”“▭”“✒”三个图标，可以对文字进行遮罩处理，显示出蒙版所框部分，可改变蒙版路径、透明度、羽化程度、扩展程度等基本属性达到想要的效果。

图1-35

2）源文本属性（见图1-36）：可改变文字的字体、字号大小、样式、位置等基本属性。

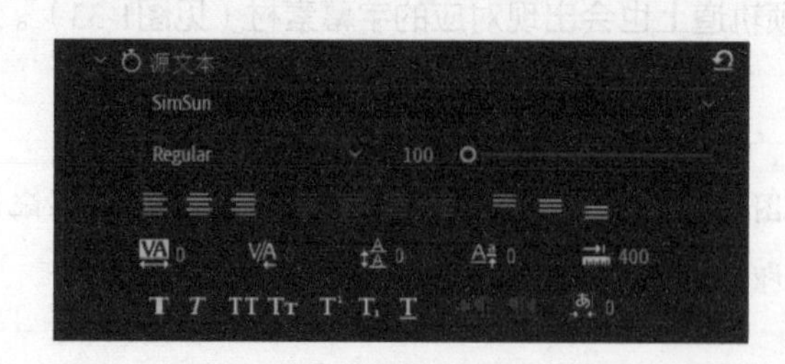

图1-36

3）在外观属性（见图1-37）中，可改变文字的颜色、描边、阴影等基本属性。

图1-37

这里需要注意“视频运动”和“矢量运动”，这两个属性虽然都能够调整画面的大小，但二者在效果上存在差异。通过“视频运动”属性调整画面大小时，文字将被当作位图进行缩放，所以放大时画面会模糊；而通过“矢量运动”属性调整文字大小时，文字是以矢量图的形式进行缩放的，放大也不会模糊。

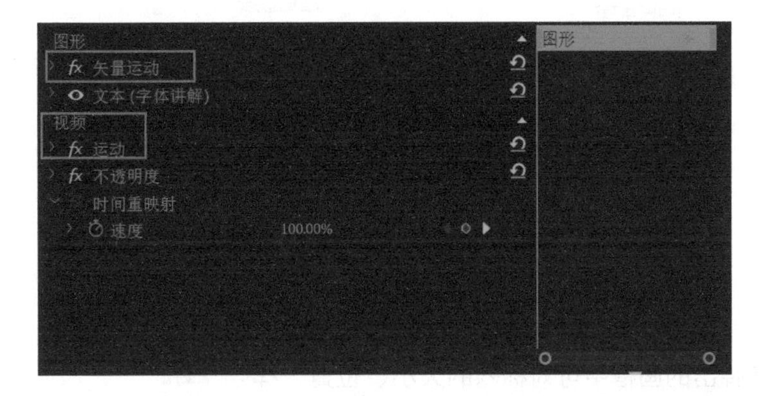

图1-38

提示

新版字幕会直接在轨道里生成字幕文件，这样可以快速生成标题，但也容易造成时间轨道的混乱。我们在使用新版字幕的时候一定要注意在轨道里对字幕文件进行管理，尽量将它们放在同一条轨道上。不需要的字幕文件要及时删除，不要堆积在轨道上。

1.9 旧版标题用法

Premiere 2022对字幕功能进行了更新，这种新功能是1.8节讲过的新版标题。但同时Pr也保留了旧版标题的功能，这一方面是为了兼顾老用户的剪辑习惯，另一方面也是因为旧版标题有自身的独特性，它可以在项目窗口中生成字幕文件，方便我们在项目窗口中进行管理。本节将介绍旧版标题的用法。

（1）新建旧版标题：在菜单栏中单击“文件”→“新建”→“旧版标题”（见图1-39），为新建的旧版标题取名之后，单击“确定”按钮即可（见图1-40）。

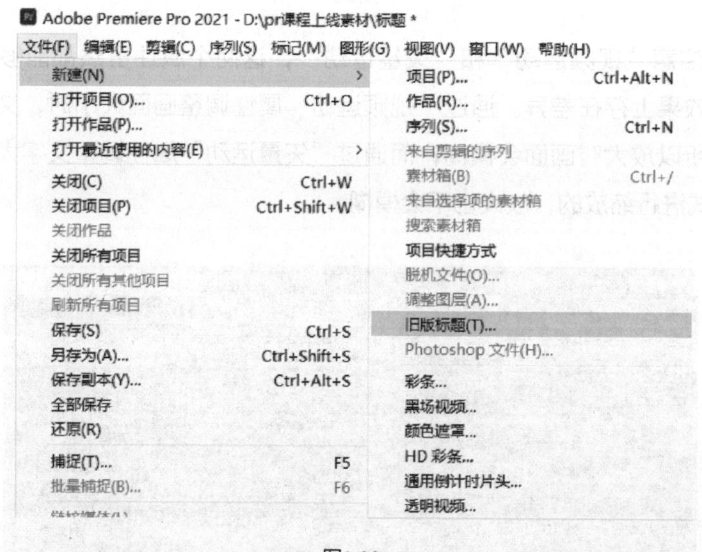

图1-39

（2）在弹出的画框中可对标题的大小、位置、样式、排列方式等基本属性进行调整。

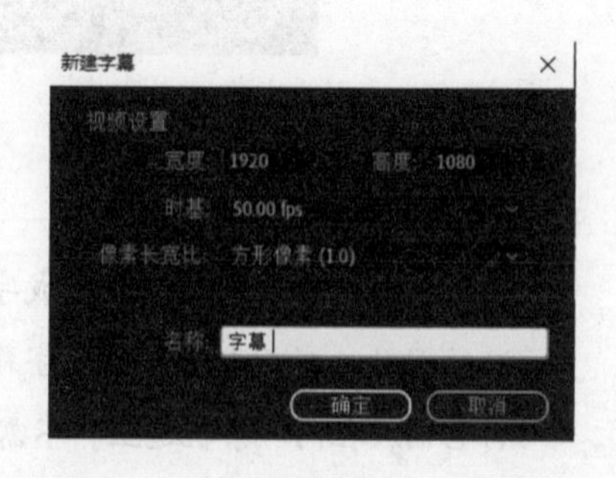

图1-40

1）文字输入工具（见图1-41）：“”工具是选择工具，可以用来选中画面中的字幕标题。“”是旋转工具，可以对字幕标题进行旋转。“”是文本工具，利用它可以输入文字标题，而使用“”可以在垂直方向上输入文字。“ ”工具可以分别在水平和垂直两个方向划定一个区域来输入文字。“ ”工具可以分别在水平和垂直两个方向划定一条文字路径，文字可以根据划定的路径进行排布。

图1-41

2）钢笔和图形工具（见图1-42）：可以用来绘制图形。使用“工具组1”可以自由绘制图形。使用“工具组2”可以画出规整的矩形、圆形、三角形图案。

图1-42

3）位置分布工具（见图1-43）：通过位置分布工具，可以调整文字的排版对齐方式。

图1-43

4）标题基本属性工具分布在界面的上方和右侧工具栏中。使用这些参数可以对标题的大小、样式、位置、颜色等基本属性进行编辑调整（见图1-44）。在界面的正下方提供了标题样式。

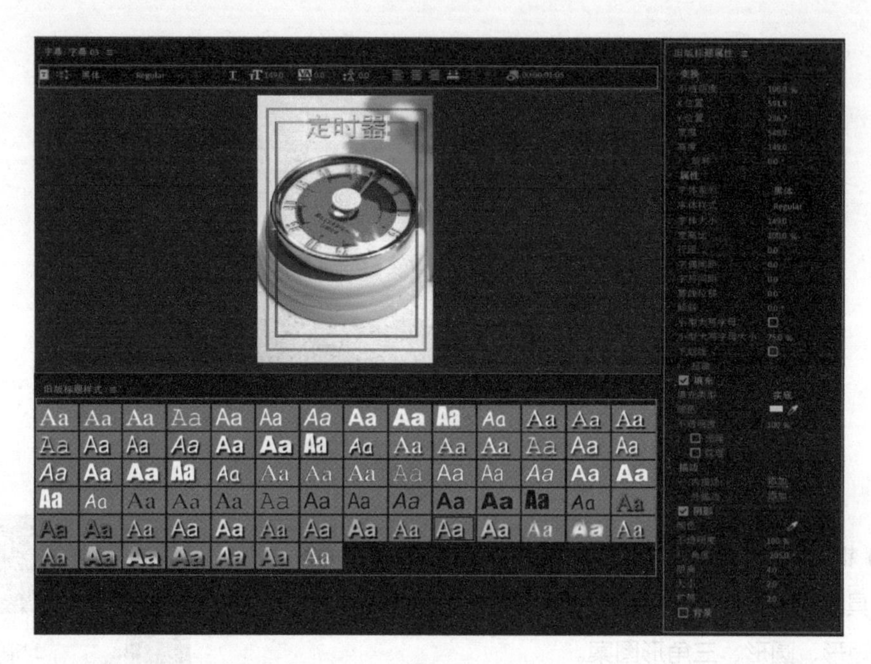

图1-44

（3）编辑好标题后不需要任何操作，直接关闭此时的窗口。在项目列表中按住鼠标左键，将字幕文件直接拉进时间轴想要添加字幕的位置即可（见图1-45）。在视频轨道中按住鼠标左键，在字幕块两端拖曳，可以改变字幕的持续时间。

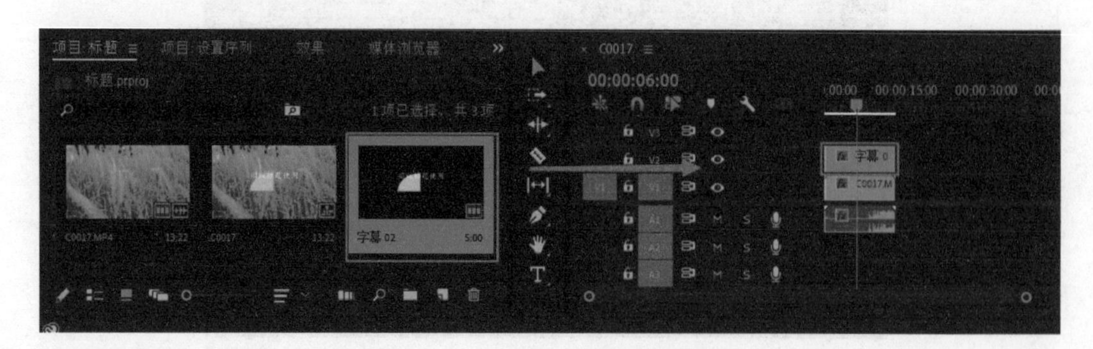

图1-45

1.10 如何导出做好的视频

在学习完以上技巧之后，我们就要学习导出视频环节的内容了。新手经常会面临一种情况，序列里的素材在导出后完全变成了另外一个样子，它们要么变得模糊，要么分辨率发生了变化。可见掌握正确的视频导出方式非常重要。本节将学习如何正确地导出视频。

（1）单击菜单栏中的“文件”→“导出”。“导出”的快捷键为“Ctrl + M”（见图1-46）。这个功能比较常用，所以最好记住它的快捷键。

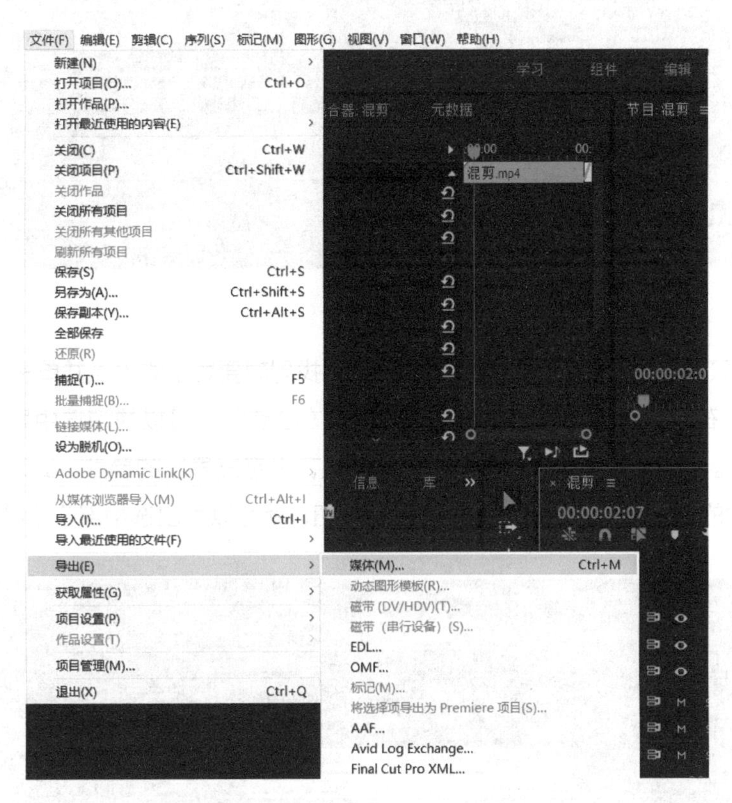

图1-46

（2）源范围的蓝色进度条决定导出的时长，鼠标左键拖曳左右的小三角图标可以调整导出视频的时长，通常默认整个序列范围都会导出（见图1-47）。

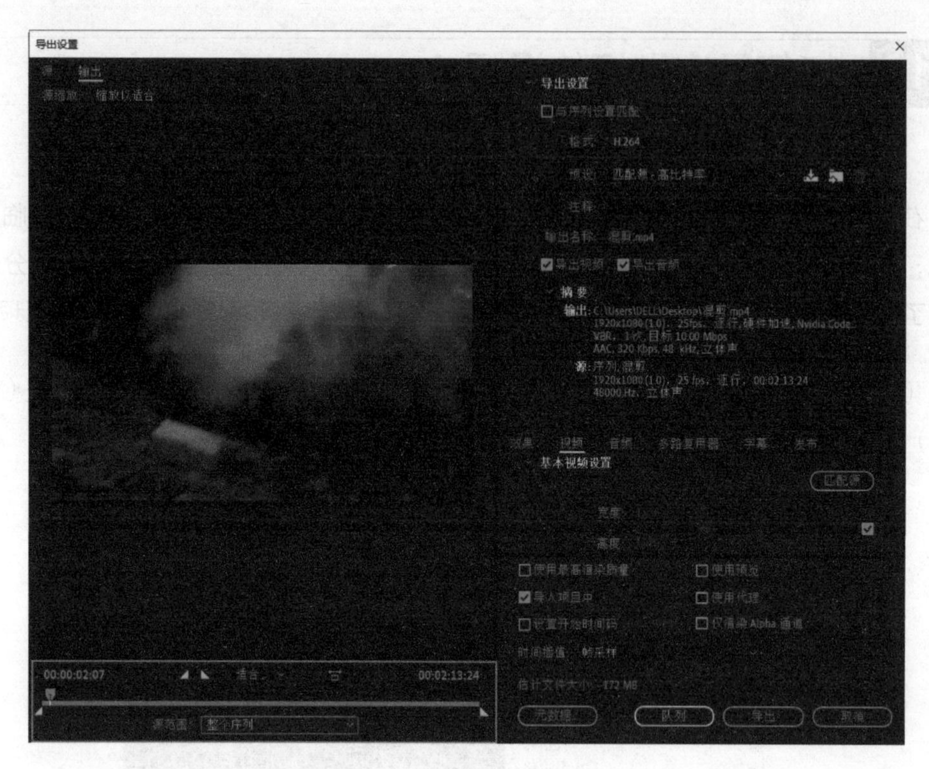

图1-47

（3）当只需导出一部分时，在序列时间轴上找到想要导出的入点并单击键盘上的“I”键（入点），在结束位置单击键盘上的“O”键（出点），可以快速选中导出特定的部分（见图1-48）。最后同时按住“Ctrl + M”组合键，设定好导出的参数，此时导出的部分就会更换为选中的特定范围。鼠标单击“导出”按钮，就可以导出选中部分（见图1-49）。

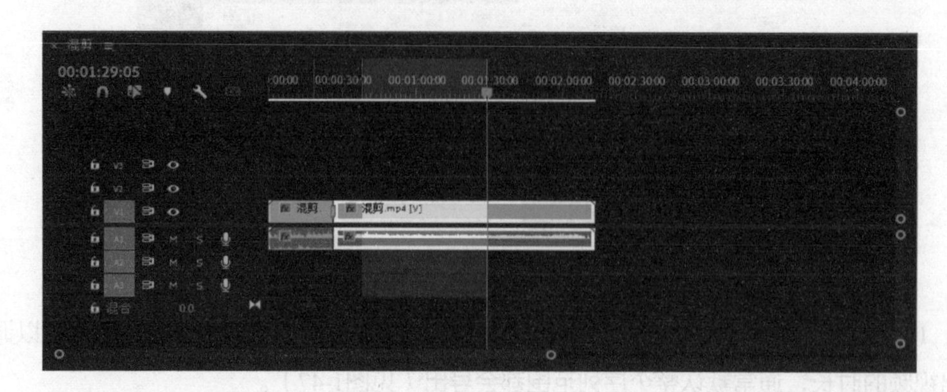

图1-48

图1-49

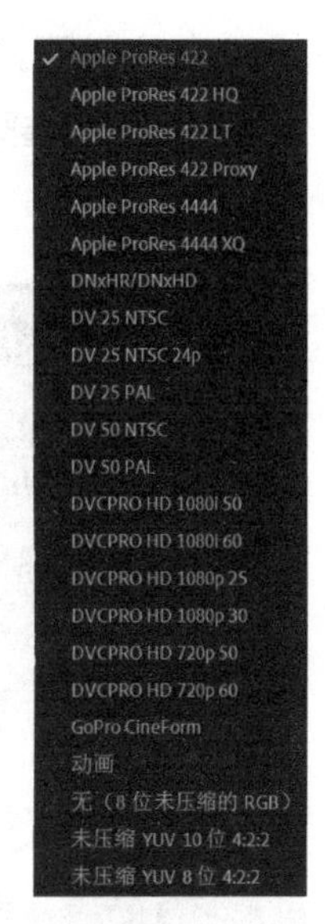

图1-50

（4）对于一般的导出设置：格式选择H.264或者QuickTime。H.264可以满足大部分视频的清晰度需求，而且这个格式不需要调整参数，它与源序列是相匹配的，选择后直接导出即可。如果要使用QuickTime格式，需要在视频解码器中选择合适的解码器。Apple ProRes 444是高品质的格式，但是非常占用电脑资源（见图1-50），导出的素材也很大。建议使用Apple ProRes 422（见图1-51），视频品质也比较高，而且导出的视频相对较小。

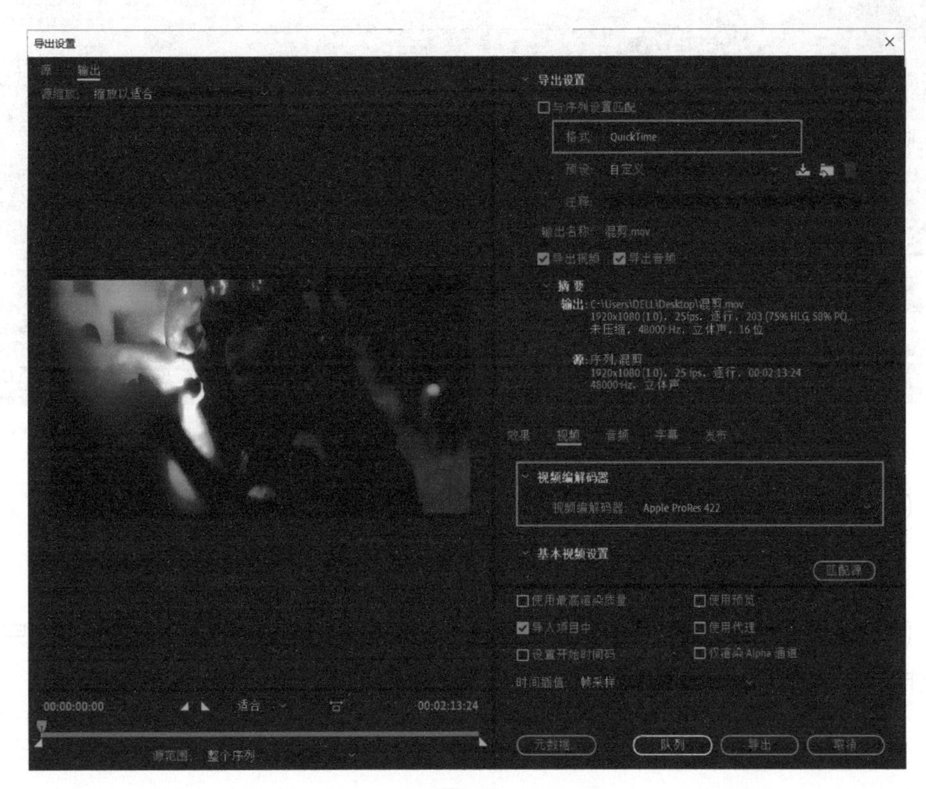

图1-51

（5）注意，QuickTime格式需要手动匹配分辨率大小，并且下拉到基本视频设置下方的方框取消勾选宽度和高度的绑定，并再次单击匹配源（见图1-52）。

图1-52

（6）如果对画质要求高且后期制作时间充裕，可以勾选“使用最高渲染质量”（见图1-53）。

（7）单击“输出名称”，自定义名称和导出位置，再单击“导出”按钮，即可完成导出操作。

图1-53

> **提示**
>
> AVI格式导出的视频占用资源内存较大。除非有特殊的格式限定要求，否则一般不选择这种格式。

1.11 常见问题处理

在使用Pr的过程中，经常会出现一些让新手难以解决的问题。比如素材无法导入、素材突然丢失链接、播放卡顿等情况。遇到这些问题后不要慌张，下面将介绍如何解决这些问题。

1.11.1 当素材无法导入时怎么办

出现素材无法导入的情况是因为素材的格式无法通过软件解码，我们需要使用格式转换工具，将素材的格式转换为Pr能够解码的格式即可。下面以“格式工厂”软件为例，介绍如何对格式进行转换。

1. 安装格式工厂

（1）在网上可以找到“格式工厂”软件安装包，双击该软件包进行安装。

（2）改变安装路径，软件最好不要安装在系统盘，可以自定义其他的安装路径。设置好安装路径之后，可以单击一键安装。

2. 转换

（1）每个图标、箭头表示要转化成的格式。单击选择想要转换的格式（见图1-54）。

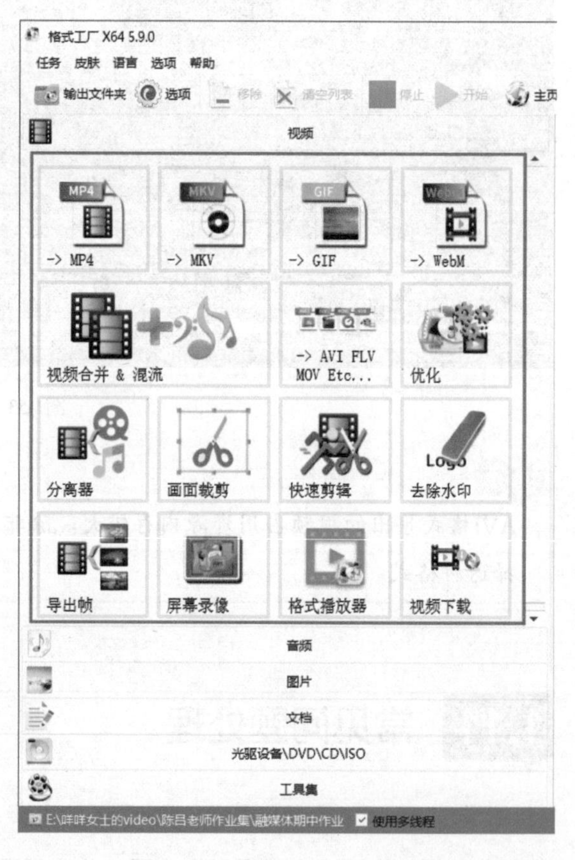

图1-54

（2）选择好想要导出的格式后，单击添加文件加入想要转换的视频。如果这里对文件大小没有特殊需求，只是想转换格式，可以直接单击右下角的“确定”按钮进行格式转换。如果还有其他需求，可以单击右上角的“输出设置”手动设置输出参数。

（3）单击输出配置中的大小限制，可以根据需要强制限定输出视频的大小（见图1-55）。

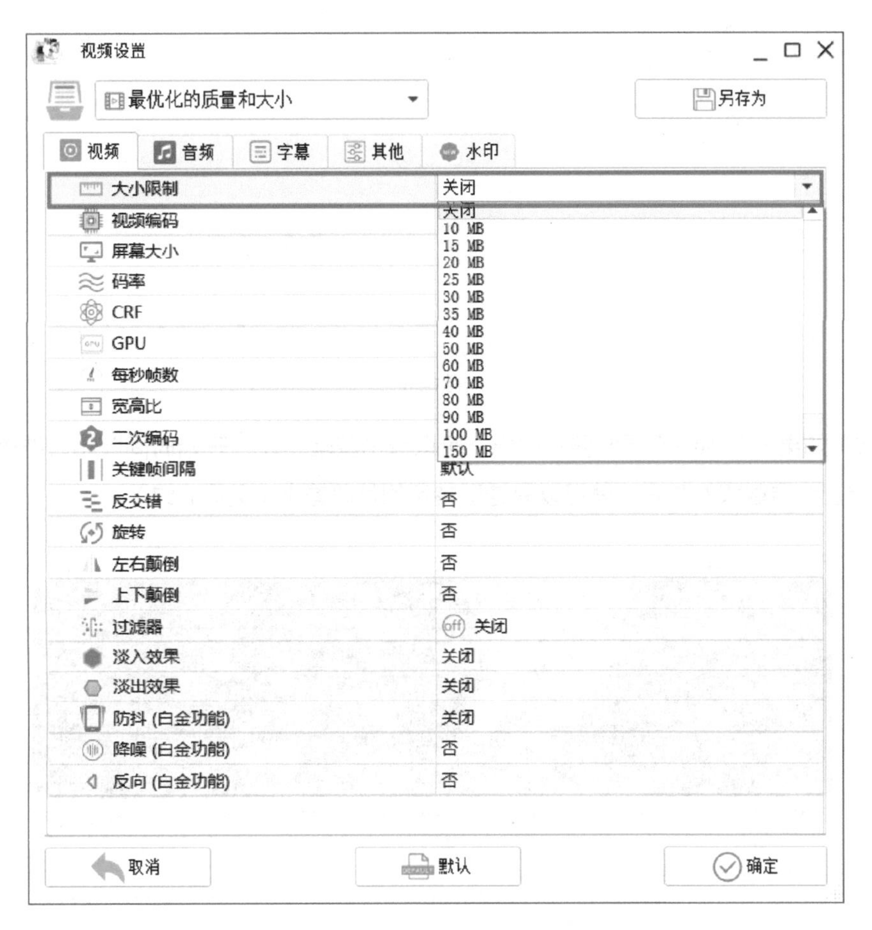

图1-55

（4）如果有保护版权的需要，可以利用“水印”功能添加水印。这样转换导出的视频就会添加上属于自己的水印（见图1-56）。

图1-56

（5）如果一些视频不需要整段输出，可以单击剪辑。在“开始时间”和“结束时间”内输入自己想要截取的时间，就可以只选取特定的片段输出（见图1-57）。

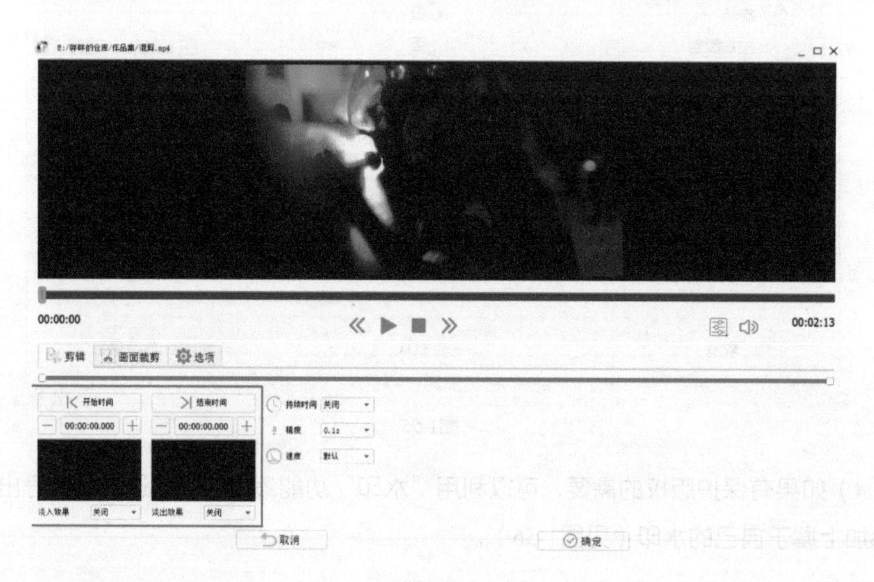

图1-57

（6）单击“确定”按钮，开始输出。音频和图片的转换与视频的格式转换类似，可以参照视频的转换方式进行格式转换。

视频编码目前为止常用的还是AVC（H.264），其他配置没有特殊要求，保持默认即可。

1.11.2 素材链接不上怎么办

链接丢失的原因是因为素材的存放路径改变了。如素材原本在移动硬盘中，但是将移动硬盘拔走了，或者改变了素材在电脑硬盘中的位置，都有可能造成素材的丢失。

下面介绍如何解决Pr剪辑中素材丢失、链接不上的情况。

解决办法：单击“查找”按钮，查找出更改路径后的文件夹（见图1-58）。选取重新定位的素材后单击“确定”按钮，这样就可以重新链接到素材。

链接素材的方法只适合素材的路径被移动的情况，如果素材已被删除，需要恢复删除的素材。

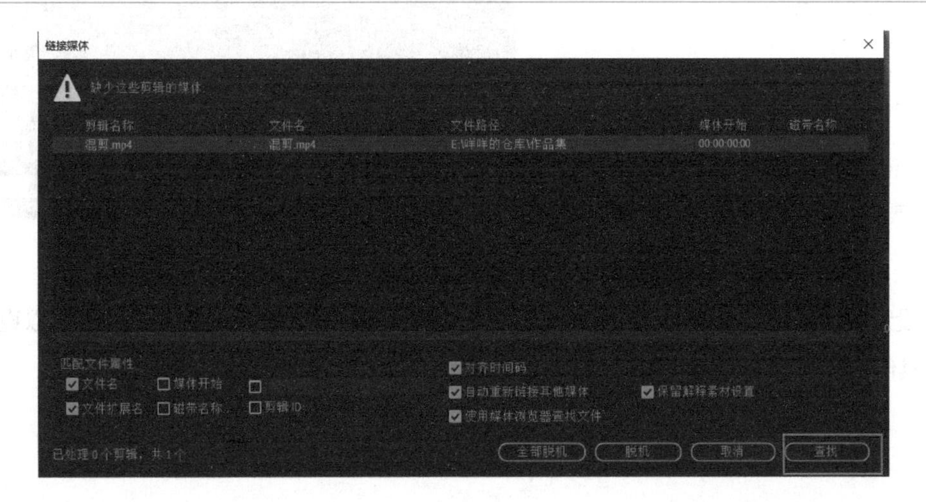

图1-58

为了避免这类素材丢失的情况，我们要养成打包管理工程文件的习惯。打包工程文件的方式是：在“文件”菜单中找到“项目管理”（见图1-59）。在弹出的“项目管理器”界面中，可以选择“收集文件并复制到新位置”（见图1-60），在目标路径中选择需要保存的文件夹。这里单击“浏览”按钮后，可以设定存放的目标路径位置。

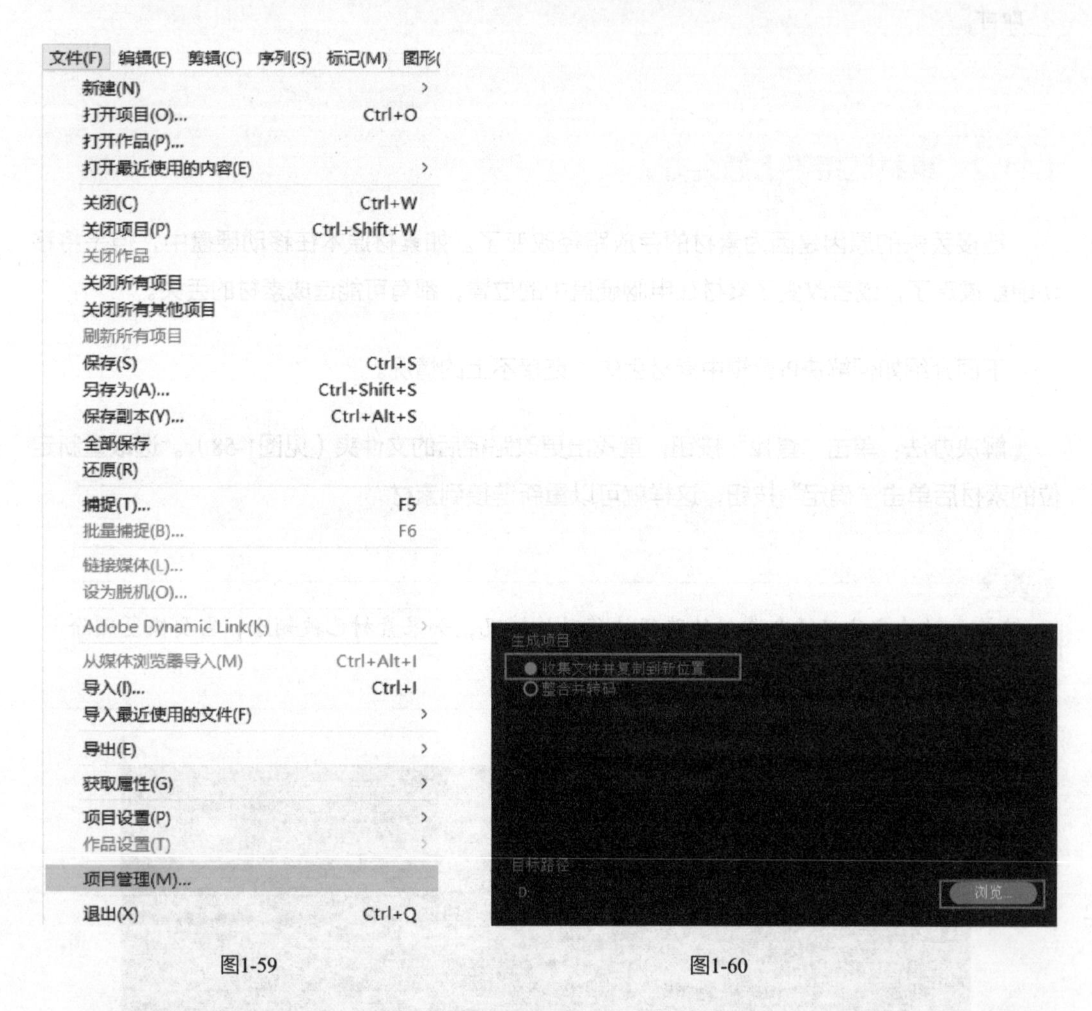

图1-59

图1-60

设定好路径位置后单击“确定”按钮（见图1-61）。打包好后的工程文件就可以直接复制到其他路径中了。

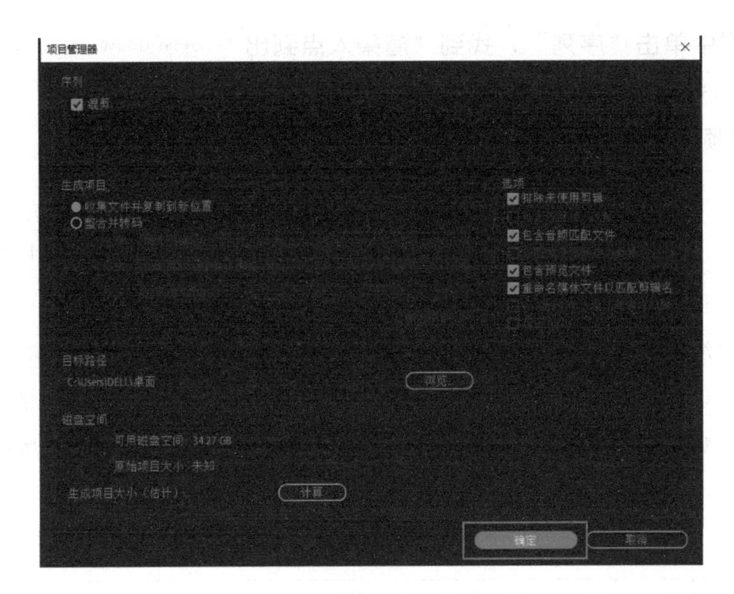

图1-61

1.11.3 视频预览卡顿怎么处理

播放视频时卡顿是因为视频过大导致占据比较多的电脑资源，这样无法做到即时预览。针对这个问题，需要对素材进行渲染后才能流畅播放。

如果想要在时间轴中只渲染一部分，可以选择标记一个入点和出点，首先将鼠标光标移至时间线上想要打入点的位置，按键盘上的“I”键；然后将鼠标光标移至想要打出点的位置，按键盘上的“O”键（见图1-62）。

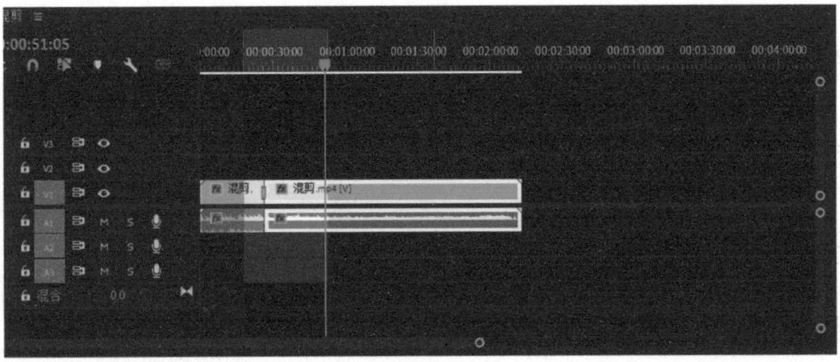

图1-62

在菜单栏中单击“序列”，找到“渲染入点到出点”（见图1-63），就可以对选中的部分进行渲染。渲染成功后，视频播放就会变得流畅。

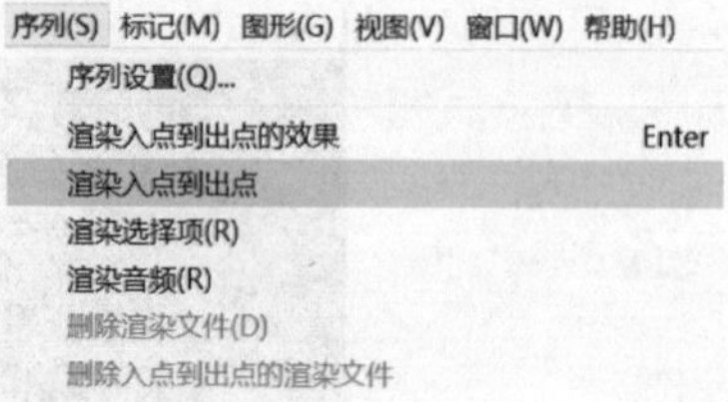

序列(S) 标记(M) 图形(G) 视图(V) 窗口(W) 帮助(H)
序列设置(Q)...
渲染入点到出点的效果 Enter
渲染入点到出点
渲染选择项(R)
渲染音频(R)
删除渲染文件(D)
删除入点到出点的渲染文件

图1-63

- 如果对渲染好的视频进行编辑，也需要再次渲染才能流畅播放。
- 如果不设置入点和出点，那么会默认渲染整个序列，耗费时间会更长。如果我们需要预览整个视频作品，则不需要设置入点和出点，直接渲染整个序列即可。

1.12 剪辑一个自己的短视频作品

通过前面知识的学习，我们已经初步了解了剪辑的基本方法。本节将带领大家检验之前的学习成果，我们来剪辑一个自己的短视频作品。记住，在这个作品中，首要关注的点是怎样用前面学到的知识尽量让作品做到完整。

在制作短视频时，我们需要挑选合适的素材放入制作序列中。我们可以选择一些有重要意义的或者十分精美的照片和视频素材，并精心挑选一首音乐来作为背景。对于一些构图有问题（如画面失焦、抖动）的素材，应该果断舍弃，但如果有些素材整体看起来不行，局部非常有特色，这时可以通过裁剪后应用到制作中。

剪辑本节的短视频有三个需要注意的点：

- 怎样让视频与音乐匹配。
- 制作关键帧的运动效果。
- 在两个素材间添加合适的转场效果。

我们可把短视频的制作分成三个部分：素材堆放、动态处理和添加过渡，下面介绍具体的操作步骤。

1. 素材堆放

（1）如图1-64所示，开头选择了左边是花朵，右边是天空的画面。选择这个画面的原因在于，它有较大的留白，便于在留白处添加字幕效果。同时应该注意画面的大小与序列是否匹配，如果不匹配，则需要调整画面大小。

图1-64

（2）将选择的素材拖入到时间轴中创建序列之后，需要再次检查素材，确定素材的使用时间。开场素材选择的时间可以长一点，根据需要可以截取5秒左右。如果是视频素材，最好截取拍摄较好的部分，将不需要的部分裁剪掉。

将音乐拖入到序列中（见图1-65），这里暂时先不对背景音乐进行处理，可以单击所在轨道的锁状图标来锁住轨道。视频素材有自带的声音，若不需要，就可以将它删除。

图1-65

（3）添加其他素材。注意素材与素材之间的匹配，看选择的素材衔接到一起是否合适。如第一个镜头是花的空镜，主体在画面中偏左（见图1-66），此时就可以选择一个主体在画面中偏右的镜头来进行组接。

图1-66

（4）继续将其他素材组接上。这里可能会遇见一些问题，比如素材与序列的大小不匹配。如图1-67所示，我们明显发现这个画面与序列的大小不匹配，画面周围被大面积裁切掉了。

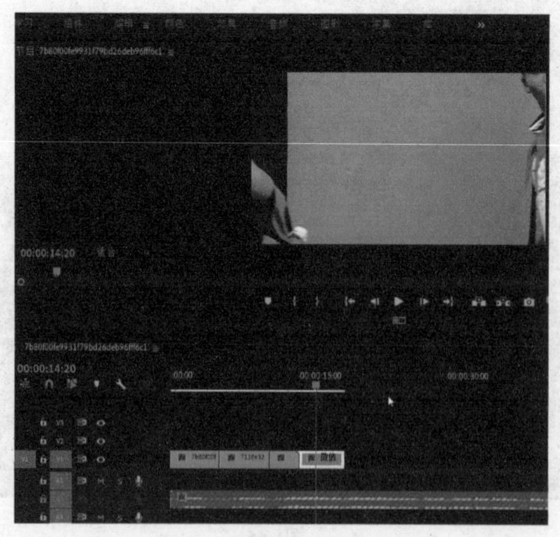

图1-67

（5）这时需要在“效果控件”中调整“位置”并进行“缩放”（见图1-68），让图片匹配序列大小。这也相当于对素材进行重新构图。

图1-68

（6）对于图片素材的持续时间调整，我们可以将鼠标光标放在素材末尾，当鼠标指针发生变化后，只需按住鼠标左键向右拖动素材，即可快速增加图片素材的持续时间（见图1-69）。

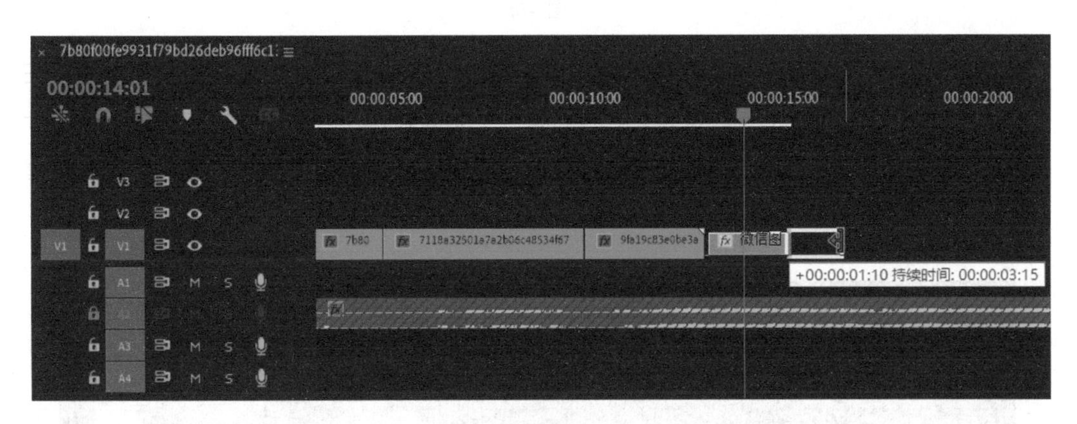

图1-69

通过这种方式，挑选需要用的素材剪辑拼接完即可。在剪辑时要特别注意素材与音乐之间的关联，每个镜头3~4秒左右，画面过长容易让观众产生疲劳感。我们还可以配合音乐的节奏点进行“卡点”，这样可以更好地帮助新手找到剪辑的节奏。

2. 动态处理

在制作中可能会用到较多的图片素材，而图片通常会比较死板，这时可以给图片添加关键帧动画，制作动态效果来提高观感。

（1）选中素材，在“效果控件”中单击“缩放”左边的“切换动画”图标，打开自动关键帧工具。此时只要我们对素材进行“缩放”操作，就可以给素材打上关键帧（见图1-70）。

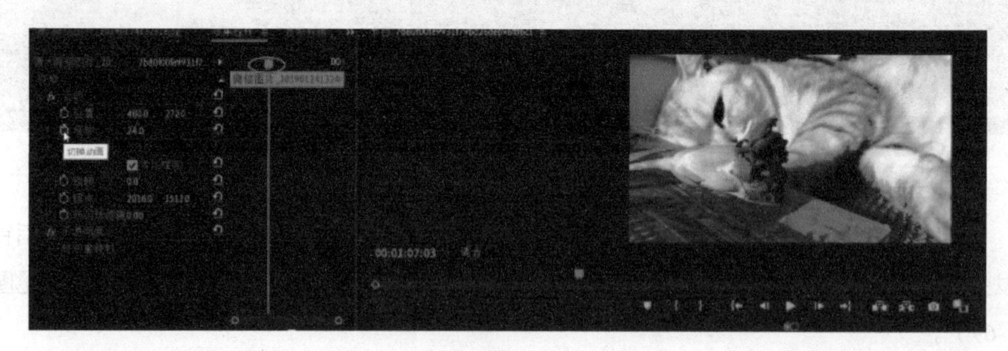

图1-70

（2）之后将右边的时间标尺移动到需要的位置，这个位置是缩放动画的终点位置，在这里可以根据需要调整大小，则会又自动记录一个关键帧。在打好两个关键帧之后，图片会匀速从第一个关键帧的位置开始变换大小，一直到下一个关键帧截止。如果想改变关键帧的位置，也可以拖动关键帧对动画的入点和出点进行调整（见图1-71）。

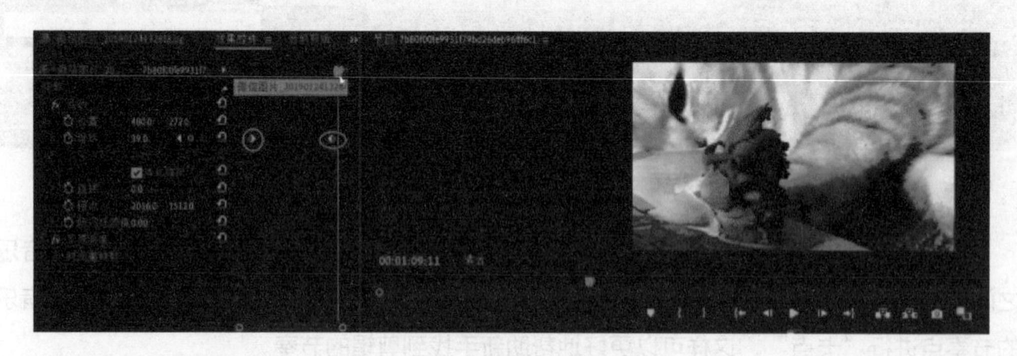

图1-71

（3）部分素材可以同时调整“位置”和“缩放”，这样同时对两个属性添加关键帧动画，会让素材的运动更加自然（见图1-72）。图1-72左下图为入点，右下图为出点，图片会从入点移动至出点，同时在这种运动中也伴随着缩放动画的操作。

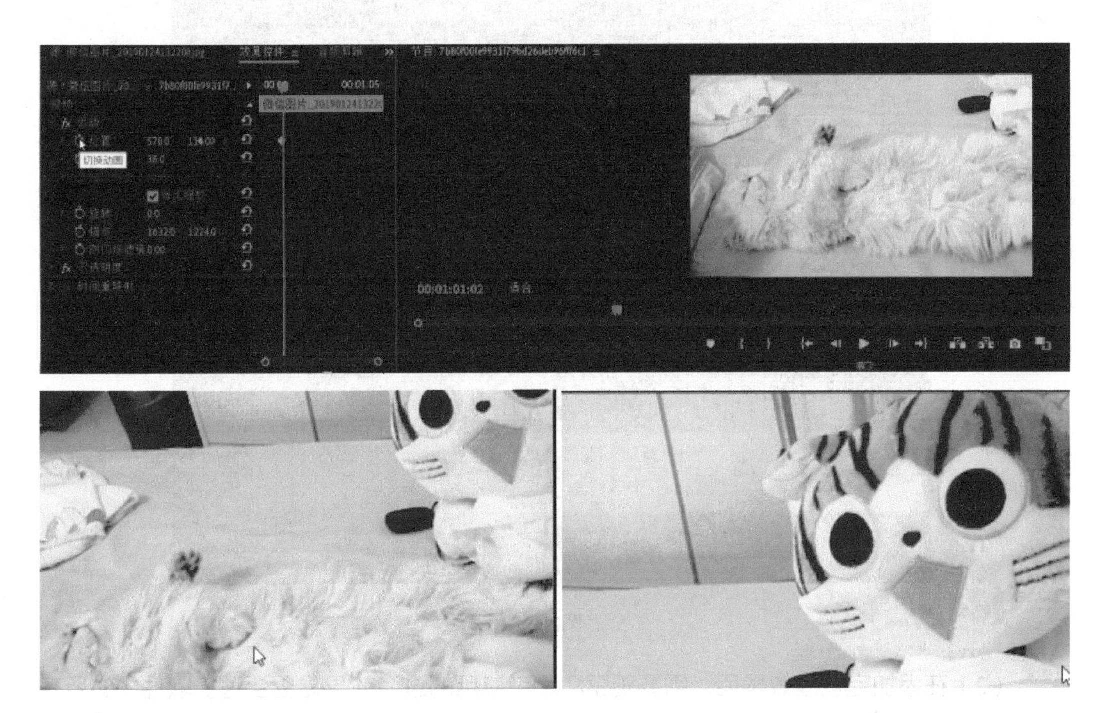

图1-72

在进行动态处理的时候，应该注意素材运动的时间和速度。若感觉过快而素材时间又不够，则需要将原素材的时间加长，再调整关键帧的位置让关键帧动画慢下来。需要说明的是，不必拘泥于一段素材具体要用多少秒，观赏舒适即可。

3. 添加过渡转场

在完成上述两步操作后，还需要给镜头之间添加过渡效果来使转场效果更加流畅。

（1）Pr软件有自带的转场效果（见图1-73），在软件左下角打开“效果”栏，寻找合适的效果，按住鼠标左键拖曳到两段素材中间即可。

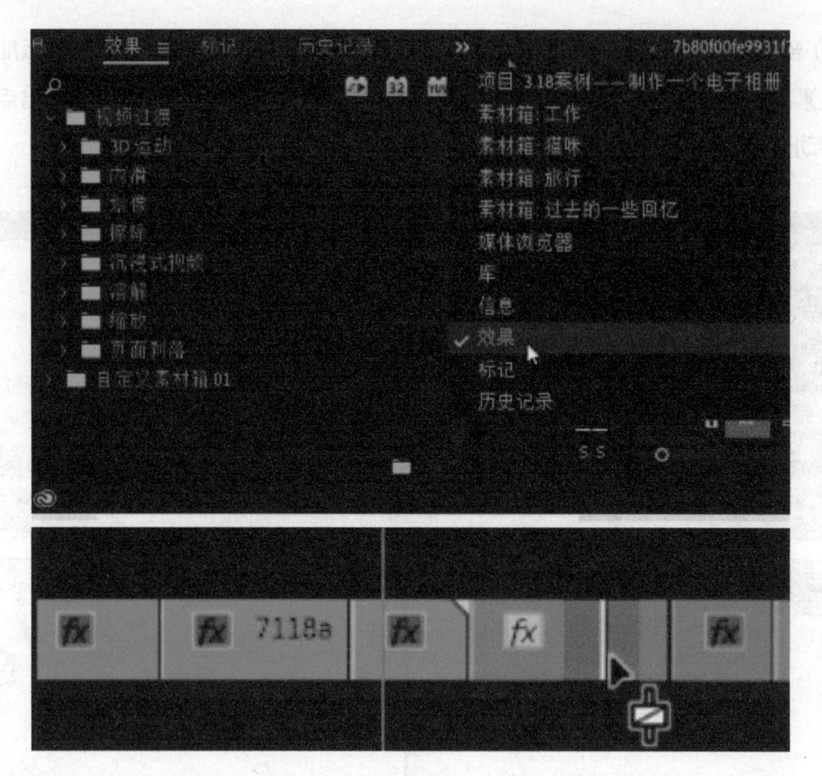

图1-73

（2）在添加完过渡效果后，需要观察和思考应用的过渡效果是否合适。软件中的所有过渡效果都可以试一遍，通常会发现有几种效果比较万能，放到大部分素材之间都看起来很自然，如“交叉溶解”“推”“黑场过渡”等。在视频和图片的连接处，我们通常会用“交叉溶解”等比较简单自然的过渡效果，这样视频看起来会更加流畅。

过渡的时间也是需要考量的，可以根据需要双击添加的效果改变过渡时间（见图1-74）。

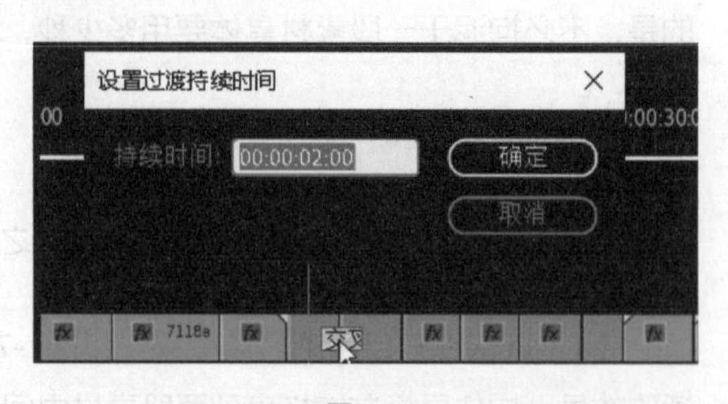

图1-74

（3）并不是所有的素材之间都需要添加转场过渡。当两个镜头具有较强的联系时，直接切换更能够保证视频的流畅性。判断直接切换是否合适的标准是：两段视频的景别是否有较大变化。如近景的镜头切换到中景，就有足够的新信息进入，或者摄影机角度改变足够大，如正面镜头切换为侧面镜头，这样都能加入新的信息，不会让观众感觉到画面重复。

当处理完过渡效果后，就可以播放视频进行检查，最后确定好后再将视频导出（见图1-75）。到此，就完成了一段短视频的制作。

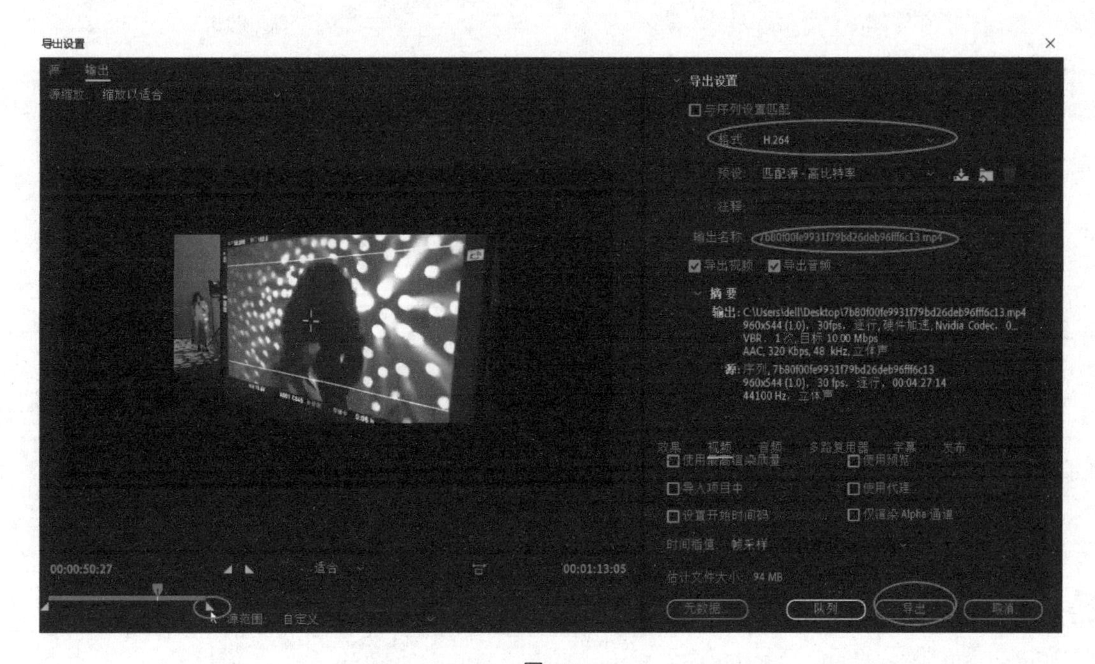

图1-75

第2章

画面的影像语言

剪辑出一部好的作品需要剪辑师具备良好的画面审美能力。在挑选素材的时候，对画面的审美能力决定着我们对画面的取舍，也影响着我们后期编辑画面的思路。对剪辑师而言，需要对画面的景别、构图、光线知识有所了解。本章将学习关于镜头的景别、拍摄的角度、镜头焦距、画面的构图和影视灯光的基础知识。通过对这些知识的学习，我们能逐步形成对画面多维度的审美能力，从而提升作品整体的视觉传达效果。

2.1 镜头的景别

所谓镜头的景别，就是指由于摄影机与被摄体之间距离的不同，从而造成被摄体所呈现出的范围大小的不同。常见景别一般分为五种，分别是远景、全景、中景、近景和特写。在镜头景别中，景别越大；空间环境因素越多，景别越小，强调的细节越多。

1. 远景

远景多是从远眺的距离拍摄，大多数远景为外景镜头。在一部影片中，远景也为之后的画面提供了环境参考，因此远景也被称为“建立镜头”或“定场镜头”。远景的最大作用是交代环境，倘若人物出现在远景中，他们就犹如一个斑点般大，重在渲染氛围，抒发情感，这种镜头常出现在史诗片、西部片和战争片等有大场景的影片中。在电影《极地特快》（见图2-1）中，我们就可以看到移动中的大远景，镜头在空中旋转，渺小的火车喷着气体爬向山顶，在这样的镜头中，人物就成了萤火虫般大小的光。

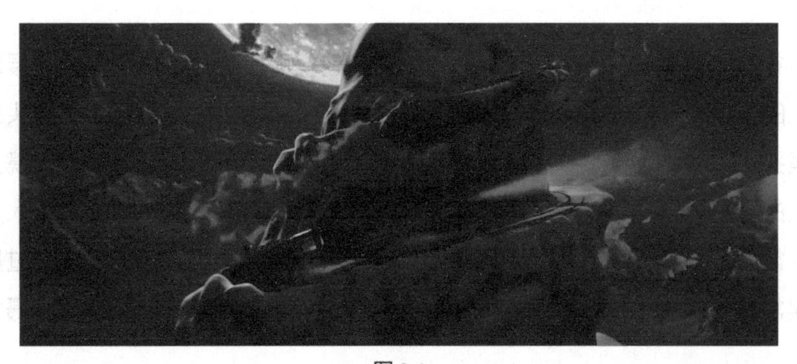

图 2-1

2. 全景

一般而言，全景的范围大致与观众距离舞台剧场相当，可以容纳角色的整个身体，人物的头部接近景框顶部。全景能表现一个事物或场景的全貌，能完整地表现被摄人物的形体动作，展现人物之间、人物与环境之间的关系。

比如，在电影《月升王国》的画面中（见图2-2），场景里坐了一排人，我们能够看清场景深处，人物的座位位置和各自的身体姿势都能完整地呈现，整个画面的细节都清晰可见，所以这种镜头也叫“深焦镜头”。

图2-2

3. 中景

中景也被称为“腰部镜头”。如果人物双臂在体侧下垂，那么中景镜头展现的就是人物腰部以上的画面。中景镜头有较多的功能，可用于说明性镜头、延续性镜头或者对话镜头。中景镜头可以分为很多种，如二人镜头、三人镜头或者过肩镜头。二人镜头包括了两人从腰以上的身形，同时也是对话场景中最常见的镜头。三人镜头包括三个人，超过了三个人的镜头常常会被归类到全景镜头。同时，中景也可以是过肩镜头，这种过肩镜头在对话场景中很常用。在整个过肩镜头的场景中，通常有两个人，一个人背对着摄影机，另一个人面对摄影机。这种镜头既可以让观众有关注的重点，又能展现人物的关系位置，如图2-3所示，就是一个过肩镜头。

图2-3

在中景镜头里，人物躯干是画幅中最突出的部分，但是双眼以及视线方向、服饰、头发的色彩和样式也是清晰可见的。中景能够同时展现人物脸部和手之间的细节，表现人物之间的交流，擅长叙事表达。如图2-4所示的画面，人物虽然是坐着的，但也依旧是一个典型的中景镜头。

图2-4

4. 近景

近景是表现人物胸部以上或者景物局部面貌的画面，它常被用来细致地表现人物的面部神态或情绪。因此，近景是将人物或被摄主体推向观众眼前的一种景别。近景画面中，环境空间被淡化，处于陪体地位。在很多情况下，我们选择利用一定的手段将背景虚化，这时背景环境中的各种造型元素都只有模糊的轮廓，以便更好地突出主体。在表现人物时，近景画面中人物将占据一半以上的画幅，人物的头部尤其是眼睛将成为观众的注意点（见图2-5）。

图2-5　近景景别

5. 特写

特写镜头能起到夸大事物重要性的作用，具有明确的暗示和象征意义。例如，在影片《世界之战》（见图2-6）中，紧张的主角宛如被逮住的走投无路的动物，视点离人物非常近，为主角情绪即将崩溃做铺垫。特写镜头中观众可以看到更多的信息，它具有强调的作用，强调人物的情绪细节。

图2-6

6. 大特写

大特写又被称为“局部特写”，它是对特写镜头的进一步推进与强化。在大特写中人物的面部尽可能占据整个画幅，同时展现眼、鼻、口等重要特征。大特写中面部表情需要控制精妙，以展示人物以及人物的感受——愤怒、恐惧、浪漫等。大特写的取景范围比特写的取景范围更小，景深也很浅，因此大特写的背景基本都是虚化的（见图2-7）。

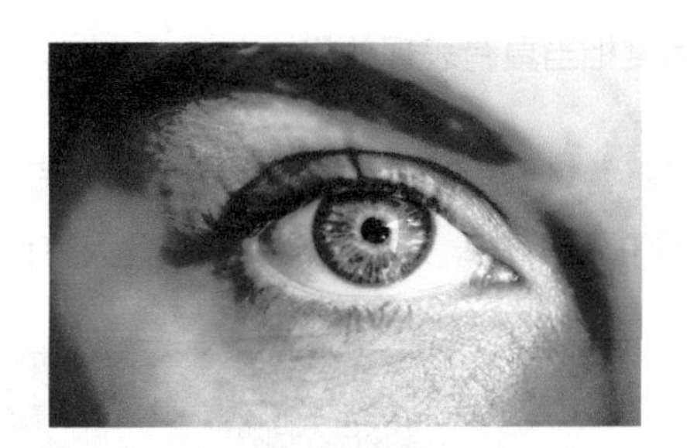

图 2-7

2.2 镜头的拍摄角度

“横看成岭侧成峰，远近高低各不同。”在电影中，物体被拍摄的角度通常也能代表导演对某种事物的看法。如果角度只是略有变化，这就可能象征某种含蓄的情绪渲染；如果角度趋于极端，则代表一个影像有重要意义。

现实主义导演通常会避免极端的视角，他们喜欢水平视线的角度，离地面一米五至一米八，也就是接近一个旁观者的真正身高。这时导演企图捕捉被摄物的每个细节。虽然水平视线镜头角度比平时缺乏戏剧性，但这种水平视线的角度更利于交代叙事。

形式主义的导演则比较不在乎被摄物角度的夸张，但必须要捕捉到被摄物的精髓，极端的拍摄角度会造成扭曲，然而许多导演认为扭曲现实才能体现更大的真实，这种真实是他们所认为的一种穿越表现，属于象征界的真实。现实主义和形式主义的导演都知道观众很容易认同摄影机的镜头，但是现实主义者希望观众忘记摄影机的存在，用一个接近真实的视角去观看。而形式主义者则希望观众能时刻注意到镜头的存在。一般来说，电影有四种基本的镜头拍摄角度，分别是鸟瞰角度、俯角、水平角度和仰角。

1. 鸟瞰角度

鸟瞰角度可能是所有角度中离现实观看角度最远的，因为它是直接从被摄物正上方往下拍，在滑翔伞或翼装飞行等运动中可以充分感受到。鸟瞰角度经常出现在风光宣传片中。在有些情况下，鸟瞰角度相当具有表现效果。

比如，在电影《窃听风暴》（见图2-8）中，一位窃听专家窃听作家及其女友的生活，这个镜头就是典型的鸟瞰角度拍摄出来的。这样鸟瞰的角度让人有种被观测和监视的感觉。

图 2-8

2. 俯角

俯角也被称为俯拍，是指摄影师从高角度往下拍的镜头画面。普通的俯拍镜头并不像鸟瞰角度那样极端，摄影机通常架设在升降摄影架上，它并不像鸟瞰那般具有显著的主宰性。这种俯角比较接近于文学上的全知视点，犹如给观众一个梗概，但并不暗示角色命运。俯角也会让场景中的人和物看起来并不是很高，这种镜头通常不能用来表现速度感。俯角比较适合沉缓的感觉，同时也会凸显环境，使环境看起来似乎可以吞噬角色，展现整体与局部的关系。

比如，在电影《邦尼和克莱德》（见图2-9）中，导演使用俯拍角度呈现画面中人物的困境、无力感以及被拘禁的情况，人物好似被包裹住了，这种俯拍角度预示着一种危险。

但是有些导演不会随意使用这种夸张镜头，他们认为这种方式太具有先入为主的成见，具有道德评价作用。

图 2-9

3. 水平角度

在日本著名导演小津安二郎的作品中，摄影机通常是离地面约一米二的高度，接近平视的角度。这种水平角度通常也是日本人坐在榻榻米上看事物的高度。小津安二郎视其角色与自己平等，绝不愿意让观众带着任何轻蔑或同情的目光来看这些角色。这些镜头的运用体现着导演自身价值的思考。在小津安二郎的电影中，角色就是普通人，不是特别高大，也不是特别堕落，完全让演员展露自己（见图2-10），不用从镜头角度来做价值判断，水平角度的镜头就很适合传递导演的这种价值观。

图 2-10

4. 仰角

与俯拍的角度相反，仰拍角度是摄影师从低角度往上拍。因为会增加被摄物的高度，仰拍常用来表现人物的高大形象。同时，当我们采用仰角镜头时，速度感明显增加了，尤其是在暴力镜头（见图2-11）中，仰角会产生一种令人压抑的感觉，它会使环境变小，天空和天花板都会退为背景。这里还应注意到，仰拍角度还可以帮助我们规避画面中杂乱的景物，让画面显得干净、简洁。

图 2-11

综上所述，不同角度所代表的视觉语言是不同的，它们会给观众产生不同的心理效果，同时观众也可以从镜头角度读懂导演的创作意图。

2.3 视角的选择——主观视角与客观视角

观众在观看电影时，有时会对电影中的人物感同身受。这种情况有时会让我们产生一种疑惑——在看电影的视角到底是谁的视角？是观众的视角、上帝的视角，还是一种偷窥视角？接下来我们学习的是电影视角的选择。

我们将视角分为客观视角与主观视角。简单地说，客观视角仅仅是用于传递信息的视角，仿佛是冷眼旁观，带有的情感波动是微乎其微的；反之，主观视角是基于角色的心理和情感活动的视角。在这些视角中，我们可以很鲜明地触摸到角色的内心。主观镜头离人物非常近，它并不是想要还原或者模拟的视点，而是用一种贴近的方式还原影片想要表达的情绪。

在电影《血色将至》（见图2-12）中，摄影机以一个客观视角观察角色之间的对峙，在这样一系列的客观视角中，主角的情绪显得非常冷静，而我们观看的方式也非常客观。在影片《卡罗尔》（见图2-13）中，摄影机的移动以一种微妙的方式让我们贴近人物的内心并产生共鸣，这就是主观视角带来的效果。

图2-12

图2-13

2.4 焦距与视角

在2.3节讲述了主观视角和客观视角的内容，影片的视角与另一个概念紧密相关，即焦距。焦距是一个光学的概念，它体现在镜头的选择上，不同的镜头有不同的焦距。

焦距的长短可以直观地体现在镜头的长短上。根据焦距的不同，可以把它分为广角镜头、标准镜头和长焦镜头。焦距不同，其视野范围、观看的效果和叙事效果也不同。

提到焦距，便会使人联想到相机的焦段。镜头焦距是指透镜中心（光心）到焦点的距离，而焦段则是相机变焦镜头焦距的变化范围。我们可以将焦距理解为一个数值，焦段则是数值的变化范围。所谓变焦，就是通过扭动相机上的变焦环来改变镜头的焦距，从而使被拍摄物在镜头中产生远近距离的变化。在单反相机的适配镜头中，有变焦镜头，也有定焦镜头（见图2-14）。在变焦镜头上会有一个变焦环，如图2-14左图所示的变焦镜头中，其焦段覆盖范围是28~70mm，在扭动变焦环时可以直观地感受镜头的拉近和推远，从而找到一个合适的景别范围。而图2-14右图则是一个50mm的定焦镜头，将定焦镜头安装在相机上面是不能拉近和推远的，这个镜头就像人的眼睛一样，其焦距是固定的。

变焦镜头

定焦镜头

图 2-14

（1）标准镜头

所谓标准镜头，是指视角范围为50°左右的镜头总称。标准镜头的焦距范围为45~55mm之间，它最大的特点是表现的景物的透视与人眼观察到的比较接近，它是所有镜头中最基本的一种镜头。用标准镜头拍出来的画面无明显的镜头畸变，比较平实，简而言之，标准镜头就是一个平平无奇的人眼观察视角，如图2-15所示，就是一个标准镜头拍摄出的画面。

图2-15

（2）广角镜头

对于广袤的客观场景，用标准镜头去记录就会显得有些力不从心。所以面对大场景，我们会选择使用广角镜头。我们看到的远景或者全景画面通常是由广角镜头所拍摄的（见图2-16）。广角镜头直观的特点就是视角越广，镜头越短，当视角达到鱼眼的角度时，镜头就会呈现出弧形形状。我们可以看到鱼眼镜头拍摄的画面就是广角镜头的极致画面，画面会产生明显的畸变（见图2-17）。生活中看到的无人机、监视器、行车记录仪的摄像镜头都是广角镜头，因为广角镜头视野广，能够将更多的画面信息记录下来。

图2-16

图2-17

（3）长焦镜头

与广角镜头相对应的就是第三种镜头类型——长焦镜头。焦距长于标准镜头的焦段都可以称为长焦。长焦镜头是镜头组里最长的，其焦距越长，镜头也会越长。长焦镜头在直观感觉上就如同一只望远镜。一个镜头的焦距越长，它所拍摄的距离也就越远。400mm焦距的镜头所能拍摄的距离比200mm的焦距镜头拍摄得更远。新闻发布会上记者们握持的镜头通常为长焦镜头，这是为了保证在很远的距离也能拍到足够清晰的画面。我们看到的《动物世界》节目中，动物的大特写也是使用超长焦镜头远距离进行拍摄的。长焦的特点是，会把被拍摄的主体拉得很近，所以视角看起来会很小，我们离主体就会越近，而主体和背景之间的距离也会被大幅度地压缩。

例如，在电影《谍影行动》中，如图2-18所示的镜头就是一个长焦镜头，该画面用2000mm的镜头拍摄了一英里跑道，观众视线里的飞机好像离人物很近，但其实并没有，因为长焦镜头具有拉近主体与背景之间距离的视觉效果，背景的飞机被拉近并放大了，使我们产生了迫在眉睫的危机感。实际上飞机离人的距离仍然很远，这样的镜头让人感觉到了足够的焦虑。

图2-18

总结：标准镜头与人眼的视角一致，镜头无畸变，看起来较为客观中立；广角镜头视角广阔，可以收纳更多的场景信息，但是镜头越广，产生的畸变就越严重；长焦镜头则如同望远镜，能够拍摄到更远的地方，但是视野相对狭窄，主体与背景的空间感也会被压缩。

2.5 转换焦点的艺术

新手在拍摄影片时经常会遇到一个问题，就是被拍摄的主体被拍得模糊不清。遇到这种情况时，我们通常说该画面“虚焦”了。要解决画面“虚焦”的情况，需要扭动变焦环改变画面的焦点。如果此时摄影机正在拍摄，就可以看到焦点在画面中实时转换，这个技巧在影视拍摄中会经常用到。

转换焦点是为了改变画面的清晰范围，让观众把焦点从A点转换到B点（见图2-19）。当然这种焦点的转换通过镜头的剪辑也可以得到。但在镜头内变换焦点的好处是能够尽可能地保证时空的完整。在电影中，这种变换焦点的操作需要跟焦员在拍摄过程中调整对焦环。大师级的导演史蒂文·斯皮尔伯格、马丁·斯克塞斯、布莱恩德·帕尔玛和昆汀·塔伦蒂诺经常会使用这种变换焦点的手法。

图2-19

转换焦点最主要的作用是将观众的视线引向之前没有显示过的某个具体内容。焦点的转换需要在拍摄前设计好，并且要与演员的走位配合好。这种技巧在电视剧中应用得很普遍，因为焦点转换可以在一个镜头内变换视点，经常可以为导演省去移动摄影机、灯具、换镜头的麻烦。

在格斯·范·桑特导演的《米尔克》这部电影中，我们可以看到导演是怎样让情节更有戏剧性的。在如图2-20所示的镜头中，主角被射死在血泊里，当他跪倒在地、望向窗外时，他看到窗外的歌剧广告，而他在这个灾难日之前刚看过这场歌剧。这场歌剧中有一个精致的死亡画面，而在这个优雅的镜头焦点的转换中，将米尔克与那场歌剧的死亡画面联系在了一起，为他的悲剧性被杀添加了戏剧张力。

图2-20

在《毕业生》这部影片中，转换焦点的方式也被应用得十分巧妙。电影中，当伊莲意识到本杰明的出轨对象是自己的母亲时，为了无言地传达出伊莲第一次发现的情绪，导演有意使用了一个慢速的转换焦点镜头，将焦点配合着镜头的运动从他母亲的脸上缓缓地变换到伊莲的脸上，也是伊莲逐渐意识到事件的真相的过程，在这个过程中，她的脸变得逐渐清晰，而眼里也流出了泪水（见图2-21）。这样一个转换焦点与角色情绪的渐进配合得天衣无缝，也将观众带入到角色的情绪中。

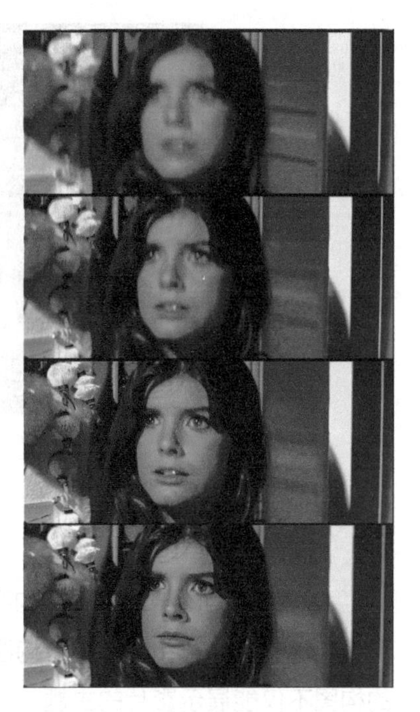
图2-21

2.6 影像的构图方法

构图是指在一定的空间范围内，合理安排各个元素的位置关系，给观众传达一种“美”的视觉体验。这些主要通过光影、色彩、线条等画面的造型元素来完成。相较于平面构图而言，电影构图发展出了自己独立的特征，其中最重要的一点就在于构图的动态性。照片是固定的，而视频是运动的，这是我们最直观的感受，电影构图是处在不断地变化过程中的，接下来简单介绍电影构图的总体风格和基础的构图法则。

1. 电影构图风格

电影构图风格可以分为三种：纪实主义构图、表现主义构图和经典风格构图。下面分别介绍。

（1）纪实主义构图

纪实主义构图指的是摄影机不刻意强调画面的形式感，避免画面与现实生活经验脱节，追求表现一种临场感和真实感（见图2-22），讲究一种对现实的质朴呈现。

纪实主义构图还经常使用手持摄影设备拍摄。但是这里还需要注意：胡乱拍摄和纪实主义构图是有区别的。纪实主义构图建立在创作者对于构图技巧熟稔于心的基础上，用一种自然化的态度反映生活，强调真实性。在纪实主义构图中，画面要表现的主体清晰，画面构图简洁而不刻意为之。

图2-22

（2）表现主义构图

表现主义构图与纪实主义构图相反。表现主义构图非常强调画面的形式美感，大量使用极度规整的线条和图形进行构图。具有代表性的是韦斯·安德森导演的作品。极度工整的构图不仅能展示影片的主题，也成为导演个人标签，同时也是韦斯·安德森的电影与其他电影明显的区别（见图2-23）。

图2-23

（3）经典风格构图

将纪实主义和表现主义的风格进行融合，就形成了第三种构图方式，也就是常见的经典风格构图。当下绝大多数电影都保持这种风格，使电影在保持真实的前提下，尽量在形式上也有一定的美感（见图2-24）。

图2-24

2. 画面构图的组成部分

在一个画面的构图中，通常由主体、陪体和环境三部分组成。

主体是画面中想要表达的主要对象，它可以是人，也可以是物。无论是在构图上还是内容上，主体都占据着主导地位，它是我们在一幅画面中最先看到的，如黑夜中的烟花或玻璃罐中的萤火虫，是画面中最能够吸引人的地方。在如图2-25所示的这个画面中，人物在构图中占了较大的面积，脸部轮廓清晰，而其他区域都是虚化的，毫无疑问，人物就是画面的主体。

图2-25

陪体则是在画面中与主体构成特定关系的对象，陪体对于主体而言，就像绿叶相较于鲜花，是用来衬托主体的。当观众在看到画面时，先关注到的应该是主体，其次才是陪体。在如图2-26所示的画面中，观众首先看到的是前面的女士，其次才是后面的人。

图2-26

环境是主体和陪体所处的空间，它又可以分为前景和背景。前景是位于主体之前的环境组成部分，而背景则位于主体之后，从视觉观感上看，两者一个离镜头近，另一个离镜头远，在镜头画面中，前景和背景发挥着非常重要的作用。从内容上看，它交代了主体所处的环境，而从形式上看，它们能够有效地增强画面的纵深感和立体感。在影片《狂暴巨兽》的画面中（见图2-27），前景和背景都十分杂乱，而人物主体正处在杂乱的环境中，可以明显地看出人物此时的遭遇以及当时情况的紧急。

图2-27

3. 影视画图的构图方法

纪实主义、表现主义及经典风格的构图有各自的特点。一个画面要丰富又美观，就需要处理好主体、陪体和环境的关系。因为电影的构图与照片的构图本质上是不同的，照片是静止的，可以细细观摩，会考虑到观众的视觉动向；而影视画面是流动的、有韵律的，观众没有办法在一个画面上长时间停留，它要服务于叙事。具体而言，影视画面的构图方法又可以分为以下几类。

（1）利用线条构图

用来构图的线条可能是被摄物体，也可能是光影分割线，在线条构图中最常用的是三等分黄金分割线构图。这种构图方式将画面的横向或者竖向进行三等分，将被摄主体放在其中一条线上。利用三等分线条构图是一种安全稳妥的做法，如果你找不到更好的方式，那么三等分线条构图一定不会出错。如图2-28所示，墙体占画面三分之一的位置，背后绿色的背景占了三分之二，这就是一个标准的三等分构图。

图2-28

对角线构图指影像在画面中呈对角线的方向分布，它规避了左右构图中的呆板，形成视觉上的平衡和空间上的纵深感，有利于打破四平八稳的稳定感，让画面显得更加活泼，增加动感。但对角线构图有时会破坏画面的平衡感，给人一种面临危机的不安感（见图2-29）。

图2-29 对角线构图

S型线条也是一种常见的线条构图方法，多用于表现公路或者河流等蜿蜒舒展的物体。S型构图的最大特点就是可以极大地增强画面的空间感，让空间得以延伸，这种构图方式在公路片中也非常常用（见图2-30）。

图2-30

线条的汇聚还能产生汇聚式构图，这种构图方法的最大特点是画面里的线条都能朝着一个点进行汇集，并有交于一点的趋势，能将观众的注意力向焦点附近集中（见图2-31）。

图2-31

（2）几何形状构图

几何形状的构图可以是矩形、三角形或者圆形。矩形构图常常是由窗户、门等物体构成的。多个矩形的关系可以让画面开辟出多个纵深方向，增加画面的层次感。有时摄影师会利用场景中的几何形状，让观众的注意力集中在某些地方。如图2-32所示的构图中，主要人物就被框在正方形的框架内，这让观众的注意力更加聚焦。

图2-32

圆形构图：景物在画面中间，圆心是视觉的中心，圆形构图在视觉上给人旋转、运动和收缩的美感。利用圆形构图的时候，暗示一种安定（见图2-33）。同时，在一些影片中，圆形的封闭也常常具有母体、源头等象征意义。

图2-33

三角形构图：以三个视觉中心为主要位置，形成一个稳定的三角形，这种三角形可以是正三角形、斜三角形、倒三角形。如图2-34所示，被拍摄人物身体的3个点相连构成三角形，这种构图具有安定、均衡的画面特点，给人一种稳定的感觉。

图2-34

（3）平衡构图

被摄物体呈左右、上下或者前后呼应时，就形成了对称的平衡构图方式。平衡构图是指沿水平或者垂直方向形成的对称构图。人物之间采用这种对称关系，实质上是对某种关系的强调，可能表示势均力敌的交锋感，也可能暗示二者一体双生、互为反面（见图2-35）。

图2-35

另外，按照构图的开放程度，也可以把构图分为封闭式构图（见图2-40左图）与开放式构图（见图2-36右图）。封闭式构图指在画面中，导演把想让观众所看到的内容都放进画面里。画面信息就如同被圈在羊圈里的羊，而这个“羊圈”就是景框，我们看到的节奏较快的商业电影中都采用封闭式构图。开放式构图则是指被摄物体位于画框之外，相较于封闭式构图，它能给观众更多的想象空间，类似于国画中的留白。在节奏较慢的文艺片中，经常可以看到导演使用开放式构图。在恐怖片中，开放式构图也非常常用，因为恐惧源自未知，更容易营造恐怖氛围。

封闭式构图

开放式构图

图2-36

以上几种构图方式并不是相互独立的，也可能存在重叠。导演和摄影师除了要考虑镜头的形式感，还需要考虑该构图方式是否为叙事所需要以及是否符合电影的整体风格。

2.7 电影布光理念发展的三个阶段

电影被称作是用光造型的艺术，光线对电影的影响是不言而喻的。在电影的发展史中，对光线的认知经历了漫长的演变过程。总体而言，可以将这些变化概括为三个阶段。

第一个阶段：电影诞生之初的无光效阶段。比如，我们所知的卢米埃尔兄弟早期的电影中，光线仅仅是作为照亮画面的基本技术手段而存在的，当时的拍摄都处在自然空间中，创作者对光线的运用也就是让画面有足够的光量能照亮画面即可（见图2-37）。在这个阶段中，虽然电影已经诞生了，但是电影的光线造型技术尚未真正诞生。

图2-37

光线作为一种造型手段，是从20世纪二三十年代（也就是1920年左右）开始的。也就是说，人们对光线的认识到了第二个阶段——戏剧性布光阶段。伴随着戏剧电影的发展，拍摄的场地已经由室外转向摄影棚内。因为摄影棚内相对室外较暗，必须进行补光，光效照明便开始得到了普遍应用。创作者也不再满足于用光线来还原真实，而是不断地探索光线的造型美感。这一阶段被称作是戏剧光效的阶段，这个阶段的光线造型还很大程度上受到戏剧舞台布光的影响（见图2-38）。

图2-38

戏剧光效虽然能把人物修饰得很漂亮，但它最大的问题就在于不真实。戏剧光效经常找不到逻辑光源。逐渐地，人们开始追求让人工光源不再像戏剧布光阶段那样刻意、不自然，开始尽量追求真实的美，这就是第三个阶段，被称作自然光效阶段（见图2-39）。

图2-39

第一阶段的无光效和第三阶段的自然光效都追求真实，那么二者有什么不同呢？二者最大的差异就在于第三阶段自然光效的真实感不是为了简单地还原真实，而是想要将现实内化为一种艺术风格，发现与塑造光线的美。自然光效其实就是在追求真实自然感的同时也想要超越真实。例如，在影片《爱乐之城》片段（见图2-40）中，我们可以明显感觉到这个场景的布光并不是现实场景的光，它是经过影视照明修饰过的。但是这样的照明修饰又不会给人刻意的感觉，是在追求真实自然感的前提下美化画面。

图2-40

自然光效的用光风格到现在仍然占据当下的主流电影市场，我们现在看到的电影布光，实际上大多都是使用自然光效的思路。光线经过了精心布置，但是又不会像戏剧舞台光那样明显和夸张，这种布光方法被大多数导演所采用。但这也不是绝对的，走在时代风口浪尖的先锋电影导演就完全不在乎追求真实感，他们认为经过夸张和修饰过的真实，才能最大程度地接近事物的本质。如导演塔克夫斯基的影片就是这样的典型。不过这样的电影注定不能成为大众消费品，它只能让懂的人懂，让不懂的人看不懂。看这样的电影需要和导演达成一种共情的状态，所以这也注定了他们的小众与孤独。

2.8 光线的作用

在2.7节介绍了布光发展的三个阶段，本节将进一步学习光线在画面中的作用。在影视布光中，光线的作用可以划分为以下几类。

1. 基础作用

布光的基础作用是为被摄物提供足够且适宜的照度，提供基础照明的光线大多数是漫反射光线，它本身并不产生强烈的阴影，也不会在人物脸上产生清晰的光影轮廓，从而为拍摄提供基础照明支持。如图2-41所示的这个画面中，光线都是比较柔和的散光。这样的光线照明并没有很强的塑形作用，只是营造一种现实生活中的照明感，它的主要功能就是照亮画面。

图2-41

2. 造型作用

通过光线的造型可以加强人物的立体感，增强画面的造型美感。不同的光质、光量，对同一演员的造型作用是不同的。在如图2-42所示的画面中，亮部与暗部各占了脸部面积的一半，这样可以暗示人物此刻内心复杂纠结的心情。明暗分界线可以在人物脸部形成轮廓线条，刻画出人物性格。

图2-42

在使用光线进行造型时，一定要注意分清楚光线的主次。主光是主要的造型光线，它是最亮的光，而且会产生明显的投影。所以主光只有一个，否则画面就会产生多个投影，从而使画面看起来很乱。在确定好主光之后，再考虑其他的辅助光线围绕主光进行修饰。如果主光因太强导致阴影区域过暗，则可以利用辅助光线提高阴影区域，以弱化画面中的亮度和暗度反差。

3. 叙事作用

光线的叙事作用主要体现在利用光线的强度、软硬程度、色温等方面来判断时间与空间，以及用来塑造角色的性格。例如，中午的光线与傍晚的光线是不同的，正义的角色和反面的角色的光比也是不同的。比如，在对图2-43所示的小丑角色进行塑造时，画面中亮部与暗部之间的反差较大，这就突出了小丑的性格比较极端。

图2-43

4. 表现作用

电影《小丑》的片段（见图2-44）中，以蓝色为主，主体呈冷色调，以及抽烟的神情，直观地展示了人物内心孤独、压抑的状态。

图2-44

2.9 光线的功能分类

光线在摄影中有表现被摄体的形态和色彩、展现被摄体的空间位置、营造特定的气氛、服务叙事的作用。那么在具体的布光工作中，我们是怎样运用光线来达到这些作用呢？这里就涉及对光线功能分类的学习，不同的光线在画面中有不同的功能。以功能来分类的话，我们可以将光线分为主光、辅光、轮廓光。光线之间的相互配合能起到影视造型作用。

1. 主光

主光是用来刻画和表现人物的主要光线，在所有的光线中最重要的是能够奠定画面的基调。主光是指画面中最亮的光线，但它在画面中并不一定是占据面积最大的。比如，如图2-45所示的画面中，场景较暗，光的对比相差较大，人物的眼眶和鼻翼下方有着浓重的阴影。这里的主光是从人物上方打下来的顺光，正是它奠定了整个画面的基调。

图2-45

2. 辅光

辅光主要是起到辅助作用，主要是消除主光照明下的阴影，让阴影部分的细节能够被看到。辅光在多数情况下是无阴影的软光，不然主光有影子，辅光也产生影子，画面便会变得无比杂乱。辅光的强弱其实会影响画面的光比，当辅光更强时，画面的光比就会小，主光和辅光的光比确定了画面的反差（见图2-46）。

图2-46

3. 轮廓光

轮廓光是指被摄物体产生明亮边缘的光线。我们在照相馆拍证件照时，背后放的灯便是布置的轮廓光，目的是让人物的轮廓更加清晰。轮廓光通常都属于逆光，也就是从被摄物体背部照射的光线，轮廓光属于修饰光（见图2-47）。在很多电影中，轮廓光会成为主光，原因是背面、侧逆方向光线会让人的脸部表情都笼罩在阴影中，让人物显得难以触摸，从而增强画面的电影质感。如图2-48所示，只有一束光打在人物的脑后，人物的面部完全被阴影覆盖，看不到人物的表情。这种光线效果就强化了人物性格难以琢磨，让人觉得神秘又充满距离感。

图2-47

图2-48

提示

光线对于画面的影响其实是非常显著的。最简单的观察分析影片光线的办法就是在后期处理的软件中将影片调成黑白的。黑白画面去除了杂乱的色彩，将其他的色彩信息排除，只留下光线照明，光影的对比就被最大限度地呈现给了观众。

2.10 光质、光型、光量

对入门学习者而言，布光的内容是相对较难的。我们可以直观地感受到光，但是要分析布光或者用灯光造型却又总觉得无从下手。那么要从哪几个维度来理解画面的光呢?

本节将学习布光的三要素——光质、光型和光量。通过这三个要素的学习，我们对光的理解将不再抽象。

1. 光质

根据光的质感和触感不同，光线可以划分为硬光和软光。硬光通常都是直射光，而软光一般都是散射光。硬光是指能够投下明显的阴影，带来强烈明暗反差的光线，典型的代表就是晴天的阳光。如图2-49所示，人物脸上的光线就是硬光。硬光是聚集型的光线，它能够在被摄物体上形成明晰的对比反差。它用于人物造型上，能使观众产生有力、强悍、坚毅的联想。

图2-49

软光则指在被照射物体上不产生明显的投影。如阴天的光线就是软光。软光的照明比较均匀，产生的反差小，被摄物体的受光面积大，能够全面地描绘被摄物的样貌，给人安静、祥和的感觉（见图2-50）。最常见的是在表现凶杀悬疑的电影中，一般都会使用硬光，通过黑白分明的画面，将恐怖与犯罪隐藏在黑暗中，对观众产生惊吓的效果。而要拍摄成熟硬朗的男性时，一般也会使用硬光进行拍摄（见图2-51）。如果想要突出一种柔和、温暖的感觉，可使用软光，以产生一种舒适、安全的感觉（见图2-52）。

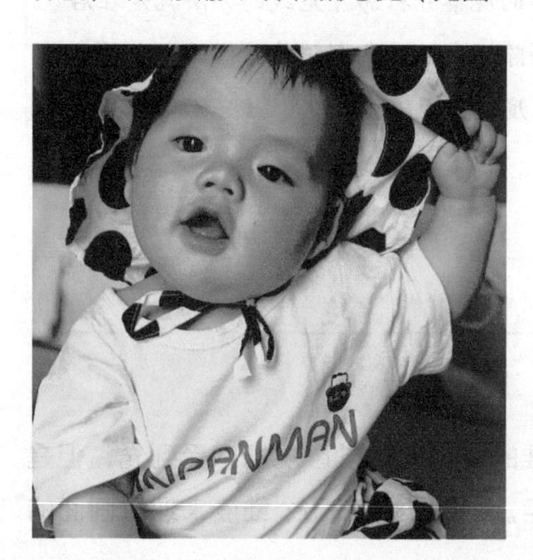

图2-50

图2-51

图2-52

2. 光型

以光型来划分，我们可以将光线分为顺光、侧光、逆光、顶光和底光。

顺光是指从被摄物正面照向物体的光线，它能较好地完成照明的任务，表现被摄物的样貌，使得画面显得明亮、干净（见图2-53）。

图2-53

侧光是指从被摄物的侧面照射的光线，使得画面中呈现出清晰的明暗交界线，在侧光照明中，被摄物的受光面和侧光面各占一半，给被摄物带来很强的立体感（见图2-54），但是使用侧光需要注意暗部不能太暗，不然会使画面中的人物产生阴阳脸。

图2-54

逆光是指照明方向与摄影机镜头相对的光线，这样的光线是从被摄物的背面照射的。逆光能够勾勒出被摄物的轮廓，增加被摄物的气势。如果画面整体较暗，还能营造一种神秘感（见图2-55）。

图2-55

顶光和底光分别是从被摄物的顶部和底部进行照射的光线，这样的光线经常出现在惊悚恐怖片中，用于塑造不正常的人物形象。顶光会在人物的眼窝、鼻梁等处形成阴影，渲染出一种阴森恐怖的感觉（见图2-56）。

图2-56

3. 光量

光量是指画面中进光的数量。对于画面中的光量，我们可以使用专业的测光表（见图2-57）来测量。我们在拍摄时要注意画面有没有过曝或者过暗。因为画面只要没有过曝或者过暗的情况，在画面的宽容度范围内是可以调整的，在后期处理时可以调亮或者调暗。

图2-57

不同光线之间的对比就是我们说的光比。在一个画面中，我们用光比去表达画面的亮部与暗部之间的对比，在不同的影视题材中，光比是不同的。在电视剧中光比常是1：2左右，也就是画面中的暗部与亮部之间的亮度比例是1：2，在图2-58所示的画面中，画面很亮，亮部与暗部之间没有形成强烈的对比，人的整个面部都是发亮、平整的，呈现出一种光滑、柔美的感觉。而在电影中光比常常都是1：4以上，这就意味着在电影中，画面的亮暗会有更加强烈的对比，会显得更加戏剧化（见图2-59）。

图2-58

图2-59

用光比来区分影视题材的方式也不是绝对的，如今各种题材光比之间的壁垒也经常被打破。这里需要明白的是大的光比容易营造戏剧冲突，而小的光比有一种柔和、安静的感觉。

2.11 竖屏短视频作品的画面语言

短视频作品的特点就是时间短，一般时间都要控制在一分钟之内。竖屏短视频与横屏构图不同，它的画面宽度更窄，对视觉的聚焦效果更强。因此，对于竖屏短视频的画面，我们需要尽量做到让主体更加突出，强调内容的直观呈现，因为观众没有时间和耐心来对画面进行审视。具体而言，竖屏短视频的画面具有以下特征。

1. 多用中景和近景，少用大景别

在竖屏短视频中，画面的宽度小于画面的高度，画幅比例通常为9：16，因此它的两边都是被裁切掉的。这样的画面构图不适合大景别的横向展开。在横屏视频中，大景别能够交代很多信息（见图2-60），但在竖屏构图中，大景别因为受到画幅的影响，并不能完整地展现场景信息，在叙事效果上被严重削弱（见图2-61）。而中景和近景镜头能够更好地突出主体，更适合在竖屏短视频中使用（见图2-62）。

图2-60

图2-61

图2-62

2. 特写镜头具有更好地放大叙事的效果

特写镜头在影视作品有着特殊的强调和暗示作用，能够放大某些信息。在纪录片中，特写镜头要谨慎使用，因为它会让创作者的意图干扰观众对画面的客观判断。但是在竖屏短视频中，由于特写镜头裁切了画面左右的画幅，能够更有效地让观众聚集画面（见图2-63）。特写镜头一般起着呈现主体细节，或者放大情绪的作用。我们也不用担心在竖屏短视频中的特写镜头过于聚焦会让观众过于疲劳，因为短视频时长很短，短时间内的聚焦观众还是可以做到的。当特写镜头不能再给观众提供新的信息时，我们可以搭配切换到中近景镜头，这样也可以让新的画面信息进入观众视野。

图2-63

3. 竖向构图容易造成纵深空间感缺失

由于画幅比例的差异，竖屏画面在展现纵深空间感方面比较欠缺。在竖屏短视频画面中，主体通常会占据画面比较大的部分，这样就阻碍了纵深画面的表现。竖屏的视角相比较横屏显得狭窄许多，所以我们在创作竖屏构图时，应该转换思维，不去刻意追求横屏画面的那种纵深感，而是应该将注意力集中在主体内容的呈现上。视频是流动的，它难以做到像静止图片那样供人审视，所以在竖屏短视频中，我们应该把关注点放在怎样突出主体上。

为了突出主体，我们可以利用前景的虚化效果，让画面有一些虚实对比，从而使画面更有层次（见图2-64）。

我们也可以利用光影的对比来增加画面的层次。通过光线的塑形，可让处于暗部的画面具有推后感，而亮部区域则会更加靠前。这样能够在视觉上增强画面的立体纵深感（见图2-65）。

图2-64

图2-65

竖屏短视频是移动互联网时代的新生事物，它已成为当下人们获取信息的主要方式之一。竖屏短视频以其独特的垂直构图、视觉冲击和小屏幕体验方式，展现出明显不同于传统影像作品的艺术特征。我们在制作竖屏短视频时，一定要把握住“内容优先”“突出主体”的基础原则，让画面构图简洁、清晰，并利用光影变化增加画面层次感。

第3章

剪辑软件功能操作进阶

在第1章中，我们初步学习了快速上手Pr软件的一些技巧，这些技巧能够帮助我们初步完成一个视频的剪辑工作。但是在面对一些复杂项目的时候，还需要对软件的功能有更加全面的掌握。本章将系统地介绍Pr剪辑软件的功能，并有针对性地将这些功能与短视频作品的制作相结合，以帮助大家更精细、高效地剪辑自己的作品。

3.1 选择轨道工具的使用

我们在进行视频后期剪辑时，有时需要在已经完成的时间线里再次添加素材，这时就需要对时间线内的素材位置进行调整，以便腾出位置给将要添加的素材。但是轨道内的素材非常多，一个个地选择比较费时，并且还有可能出现漏选的情况。那么有没有便捷的方法快速地选择轨道内的所有素材并对其进行移动呢？答案是肯定的，可以使用“选择轨道工具”，该工具能够帮助我们快速选中时间线内的所有素材并进行移动，下面将介绍它的使用方法（见图3-1）。

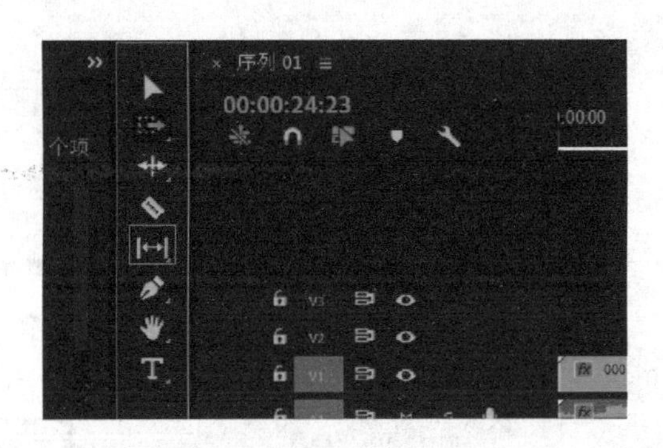

图3-1

在Pr剪辑面板中可以看到，在“向前选择轨道工具”右下角有一个白色的小三角形（见图3-2）。如果图标下方出现此类“小三角形”，表示这个工具中还隐藏了其他类似的工具。用鼠标单击“小三角形”图标，就会出现它所隐藏的工具（见图3-3）。

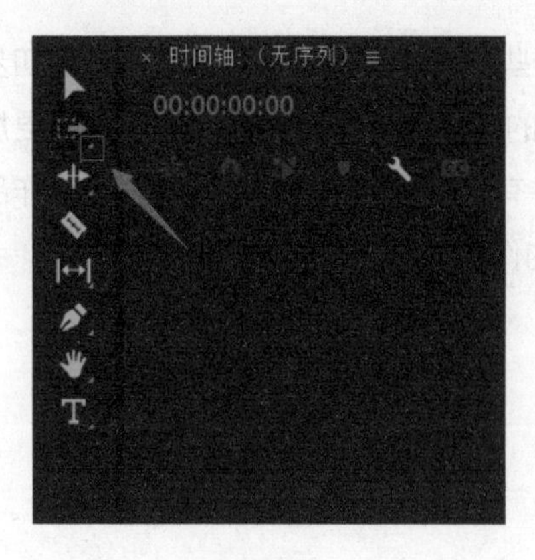

图3-2

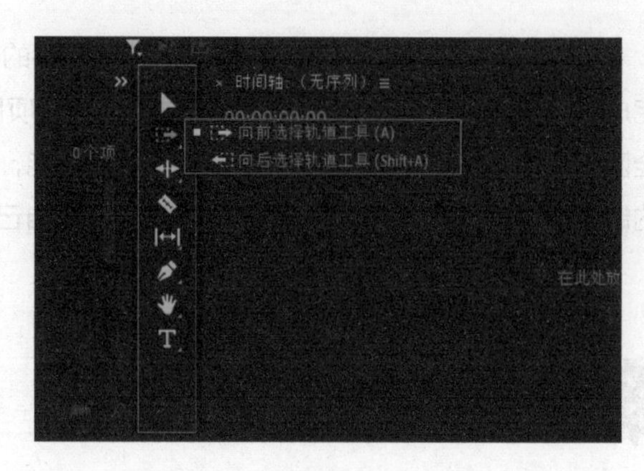

图3-3

在Pr中通常会出现同时移动很多素材的情况，如图3-4所示，若要同时移动图中红框框住的四段素材，需要事先将工具换成“选择”工具，再去框选这四段视频进行整体移动。但是，使用框选工具去移动素材很容易遗漏素材，所以这种情况下使用向前选择轨道工具则会简便许多。操作步骤如下。

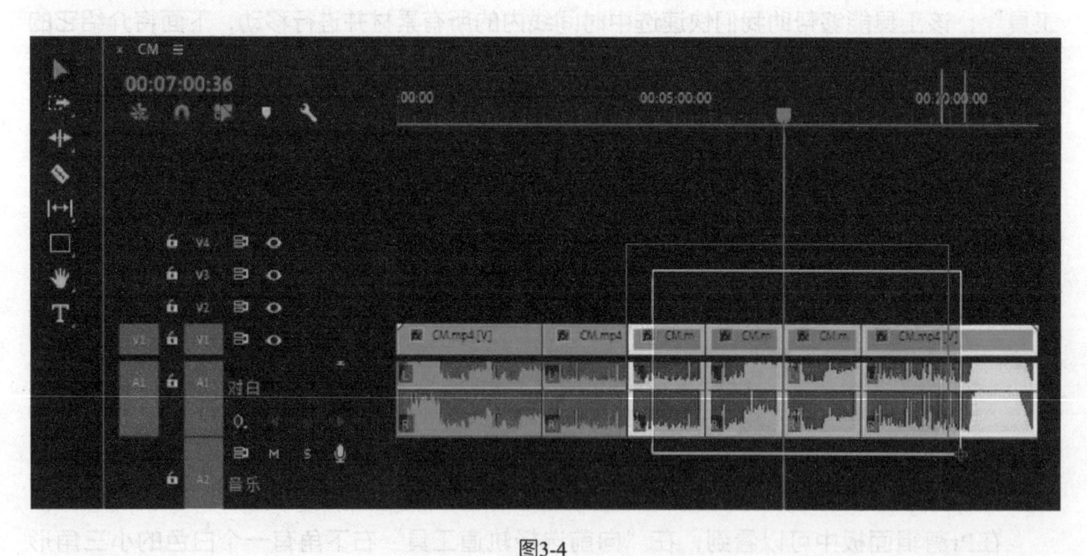

图3-4

首先将选择工具转变为“向前选择轨道工具”并选择它。然后将箭头放置在所要移动的系列素材中的第一个素材上，并选择第一个素材（见图3-5），就会使箭头下方的素材以及它之后的素材同时移动。

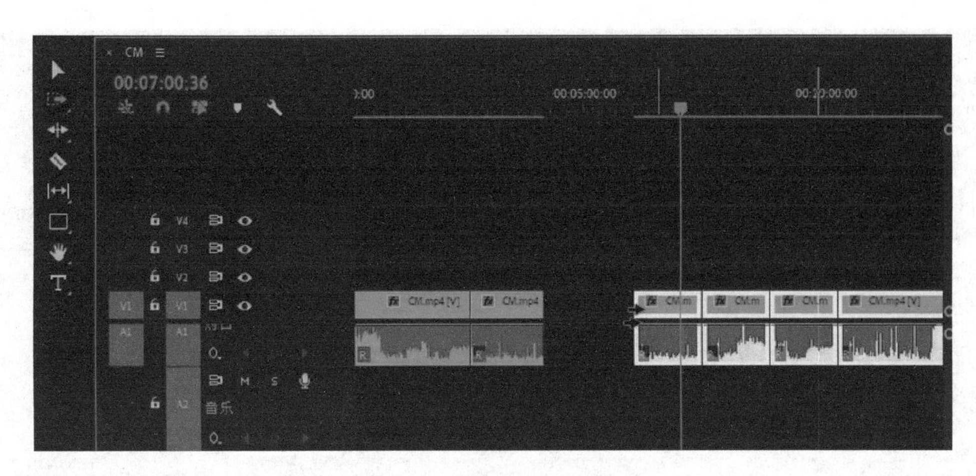

图3-5

使用向前选择轨道工具可以省去框选操作，且不会因遗漏素材导致剪辑视频混乱。同理，向后选择工具与向前选择工具只是选择方向不同，具体的原理还是不变的。

在剪辑时需要注意，使用向前选择工具进行操作时，被选中的素材下面存在的音频或视频有可能会被遗漏（见图3-6）。如果发现未被选中的素材（见图3-7），将工具改成“选择工具”，然后按住“Shift”键，再将遗漏的素材加选起来即可。所以，剪辑时使用向前或向后选择工具前一定要检查下面轨道中是否有被遗漏的素材。

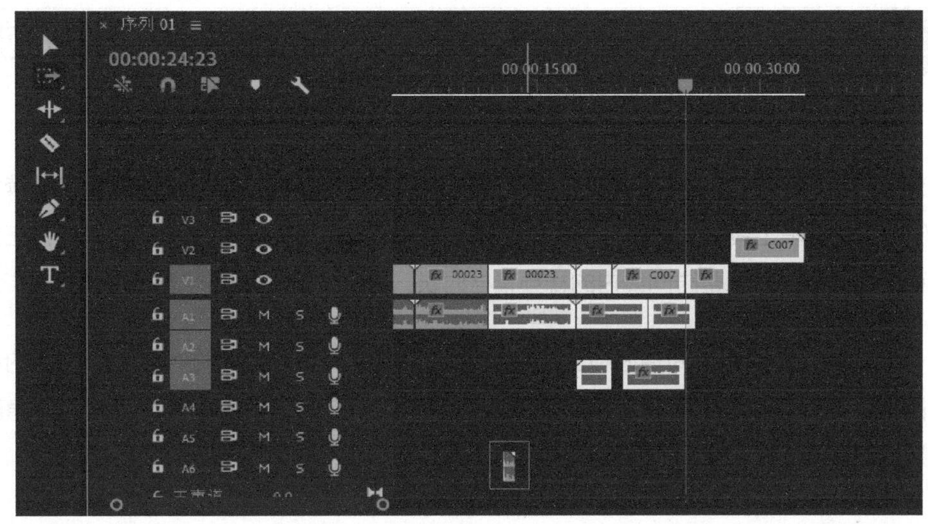

图3-6

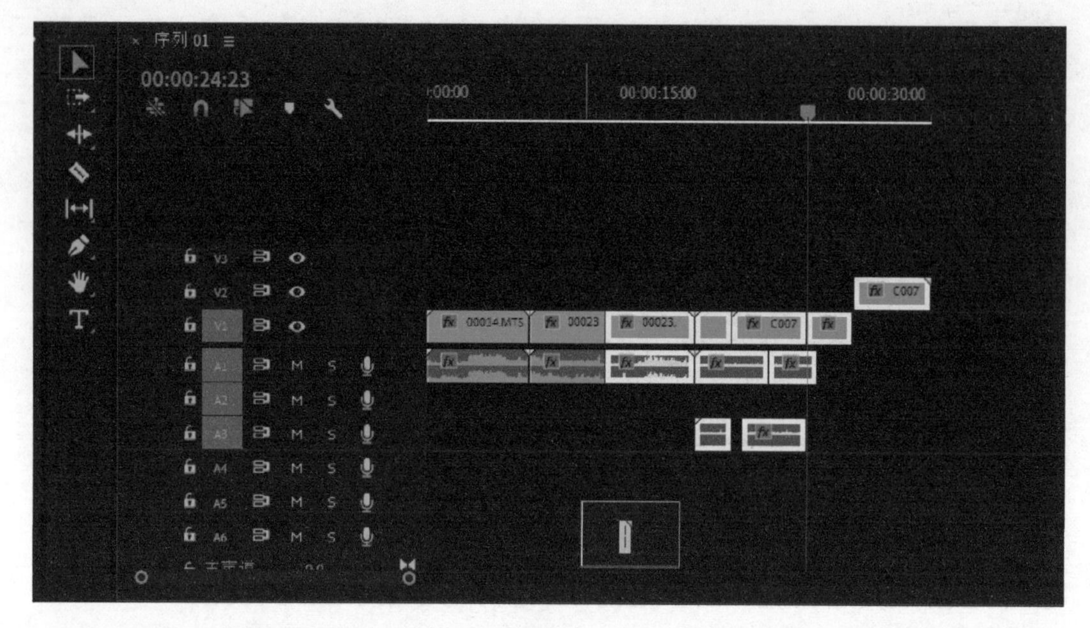

图3-7

以上就是选择轨道工具的用法，学会使用选择轨道工具可以大大提高剪辑效率，让剪辑得心应手。

3.2 波纹编辑工具、滚动编辑工具和比率拉伸工具的使用

通过对3.1节内容的学习，我们学会了“选择轨道工具”的使用方法，本节将继续学习Pr软件中其他剪辑工具的使用方法，分别是波纹编辑工具、滚动编辑工具和比率拉伸工具。这三种工具都能用于调整时间线内的视频素材时长，但它们的具体功能各有差异。

仔细观察Pr软件中时间轴面板上的波纹编辑工具，其右下角同样存在一个白色的小三角形图标，说明波纹编辑工具下也隐藏了其他工具。长按小三角形图标，可看见所隐藏的工具是滚动拉伸工具和比率拉伸工具（见图3-8）。

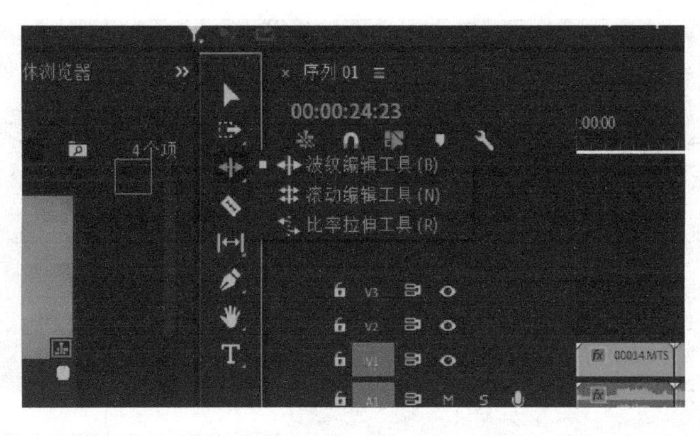

图3-8

1.波纹编辑工具

观察波纹编辑工具的图标可以发现，波纹编辑和选择轨道工具的不同之处在于，前者使用在两个素材中间。如图3-9所示，先在工具栏单击选择波纹编辑工具，再将鼠标光标移至剪辑区，若出现图3-9所示的图标，就是正确的使用方式，若出现图3-10所示的图标，则表示不能使用，因为未将鼠标光标移至正确的剪辑位置。

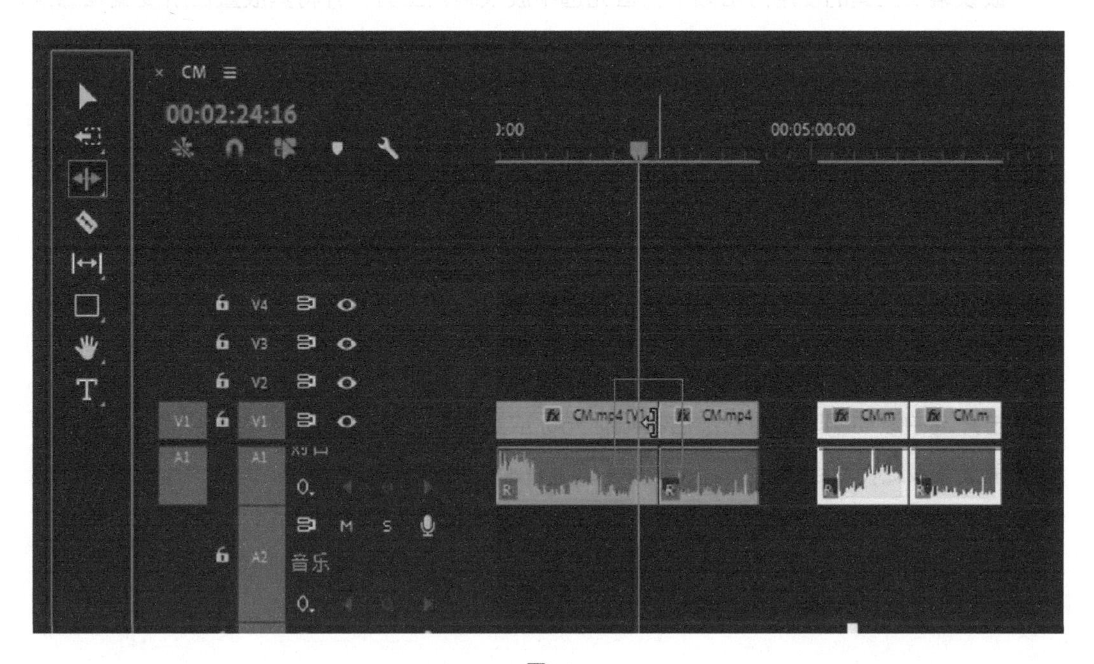

图3-9

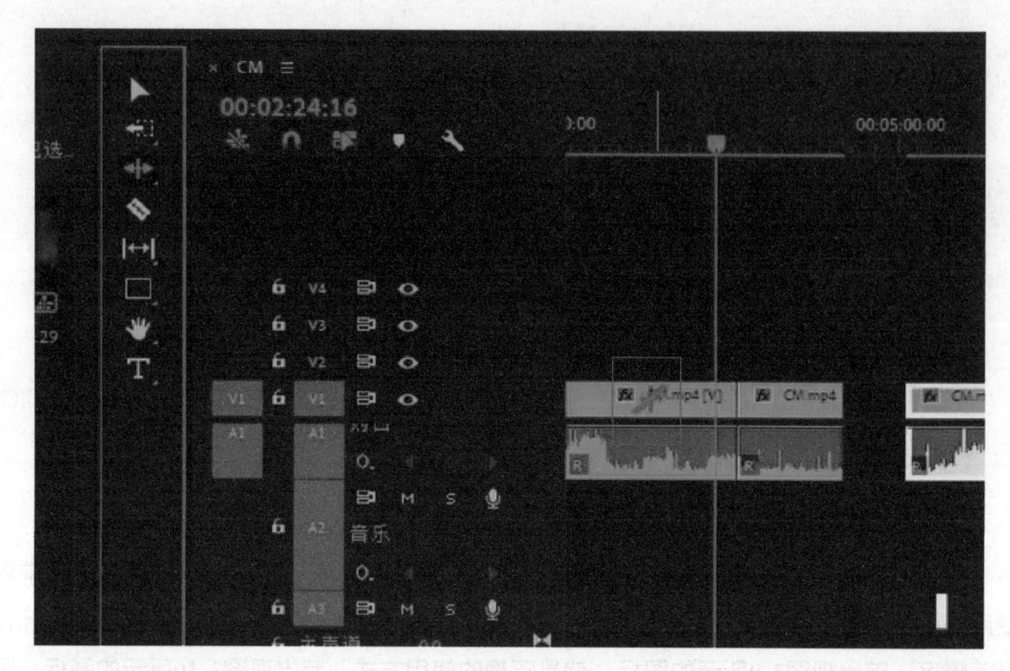

图3-10

波纹编辑工具的使用方法如下：首先选中波纹编辑工具，并将其放置在所要编辑的素材连接处（接缝处），然后根据自身的剪辑情况来选择删减/延长视频，整个工程项目会自动随着素材删减/延长发生时间的改变。

总的来说，使用波纹编辑工具会对整体的时间线产生影响，删减前面的素材后，后面的素材会自动接上。

2. 滚动编辑工具

滚动编辑工具常用于连接两段素材，并且与时间线有关。使用方法为：首先用鼠标左键单击并选中滚动编辑工具；然后将鼠标光标放置在要剪辑的两段视频的连接处，用鼠标左键单击连接处，若连接处变为红色（见图3-11），则为选中可使用的状态，长按鼠标左键不放进行移动剪辑。

图3-11

在移动剪辑的过程中，可以观察到剪辑框上端的时间条并不会因为我们的移动剪辑而发生时间改变（见图3-12、图3-13）。

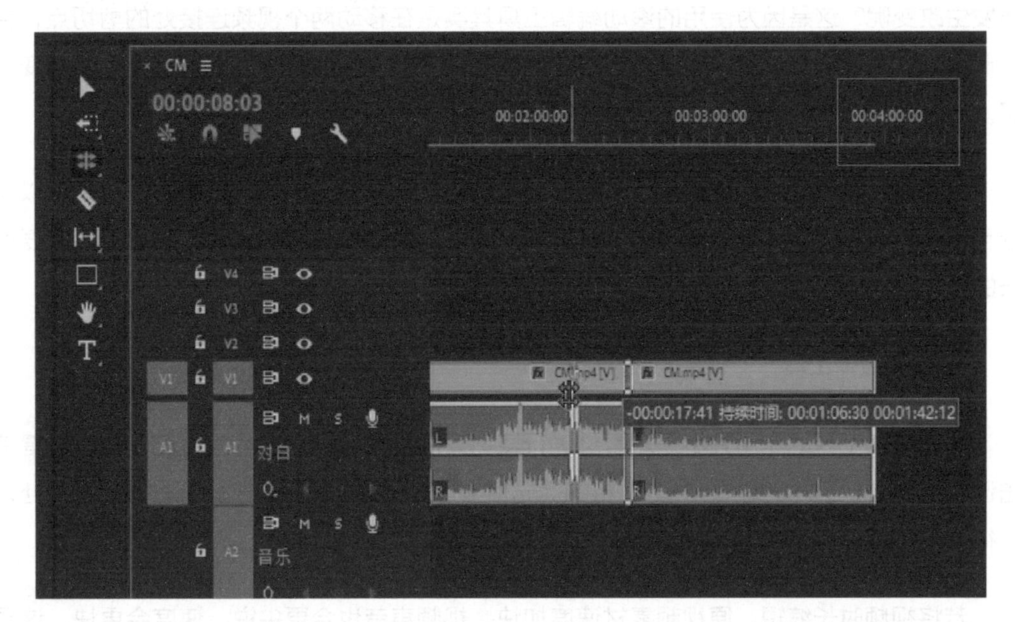

图3-12

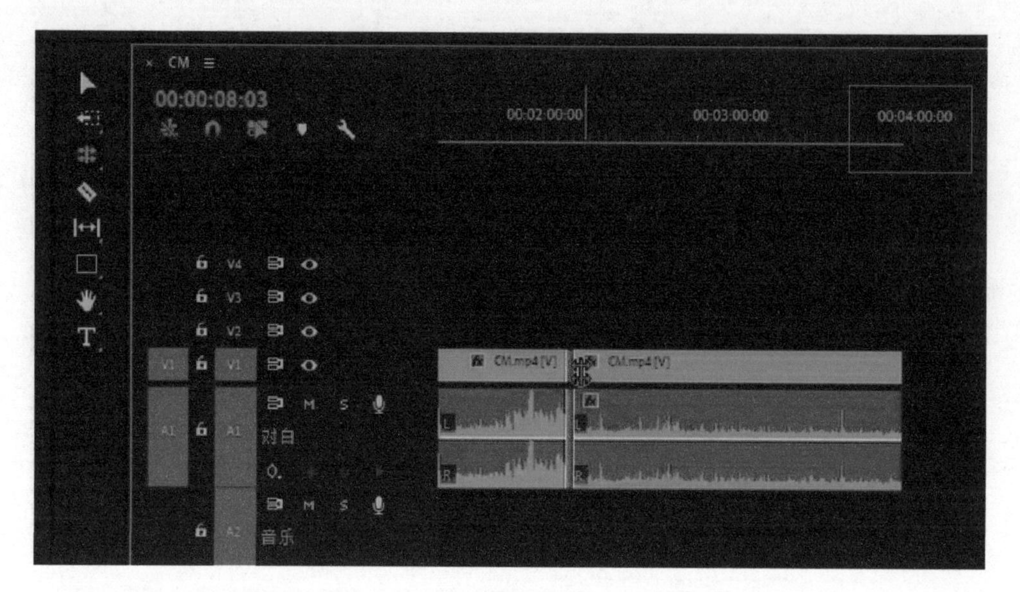

图3-13

从图3-13所框选的时间显示可以发现，在使用滚动编辑工具时，时间线并没有发生改变。前面介绍了波纹编辑工具会对整条时间线发生改变，为什么滚动编辑工具不会使时间线发生改变呢？这是因为使用的滚动编辑工具其实是在移动两个视频连接处的剪切点，若将剪切点向右移动，就意味着在剪切点左边的视频变长了，而在剪切点右边的视频则变短了。所以，使用滚动编辑工具其实改变的是剪辑点的位置，整个剪辑时间保持不变。

若需要将前一段视频时间缩短，后一段视频时间加长，则使用滚动编辑工具就可以快速且不改变时长的情况下达到需求。需要注意的是，滚动编辑工具在使用时必须保证要加长的那一段视频素材是有可延长的时间，否则即使使用滚动编辑工具，也无法延长时间。

3. 比率拉伸工具

比率拉伸工具的作用并不是对素材进行裁剪，而是改变素材的播放速度。鼠标左键单击选中比率拉伸工具（见图3-15），将鼠标光标放置在所需要剪辑的视频素材的切割点处，进行向左或向右移动。

若将视频时长缩短，原视频素材速度加快，视频声音也会更尖锐，速度会更快，这是因为整个视频被比率拉伸工具加速了；若将视频时长加长，原视频素材变慢，声音也会变得低沉，并且视频播放时还会有卡顿现象，原本是固定时间的视频，运用比率拉伸工具让视频内容不变，时间缩短/加长，视频就会有加速/减速。

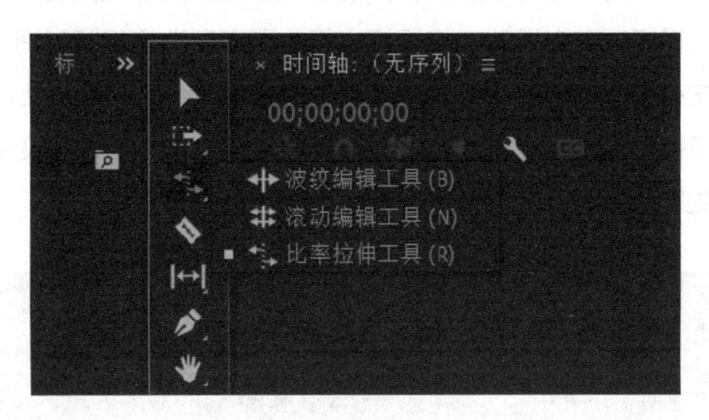

图3-14

3.3 内滑工具与外滑工具

本节将学习编辑工具中的“内滑工具”和“外滑工具”（见图3-15）。外滑工具可以改变所选剪辑片段出入点之间的内容，而它在时间线上的位置依旧保持不变，也不会改变整个时间线的长度。内滑工具可以改变被选素材中前后素材的出入点，但是其内容不变，这是它与外滑工具不同的地方。使用内滑工具也不会使整个时间线长度发生变化。下面介绍内滑工具与外滑工具的使用方法。

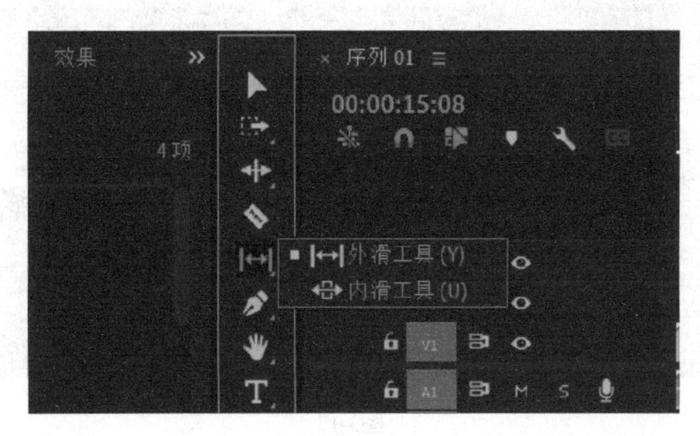

图3-15

1. 内滑工具

通过观察内滑工具的图标可以发现，内滑工具不是作用于视频切割点的工具，其作用是让选中的素材在视频轨道上滑动。将鼠标光标放置在所选的视频时间块上并选中它，长按鼠标左键进行左右移动，这时可以发现被移动的视频不会发生时间上的改变，但是被选中的时间块两边的视频时长会变长或变短，相邻两边的视频内容也会变多或变少，并且整个视频时长不会改变（见图3-16、图3-17）。

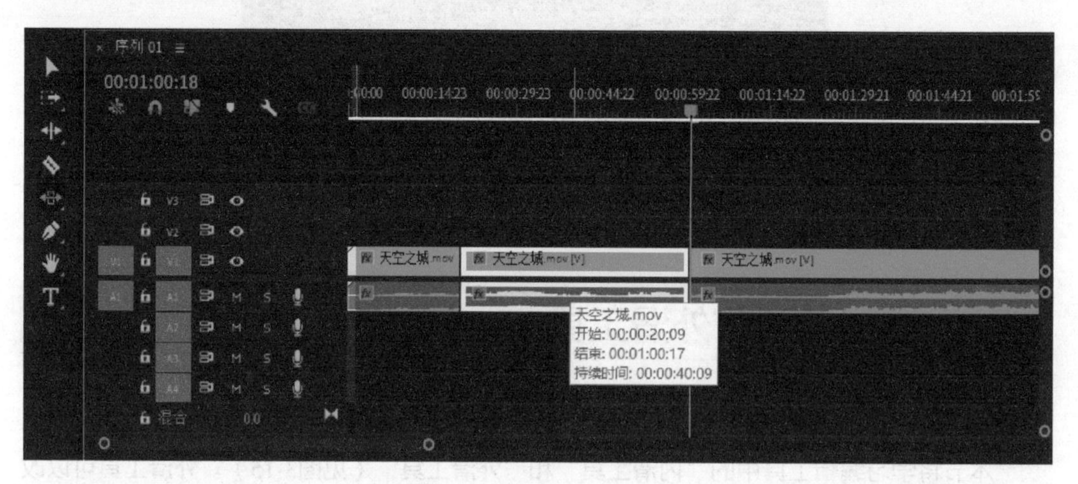

图3-16

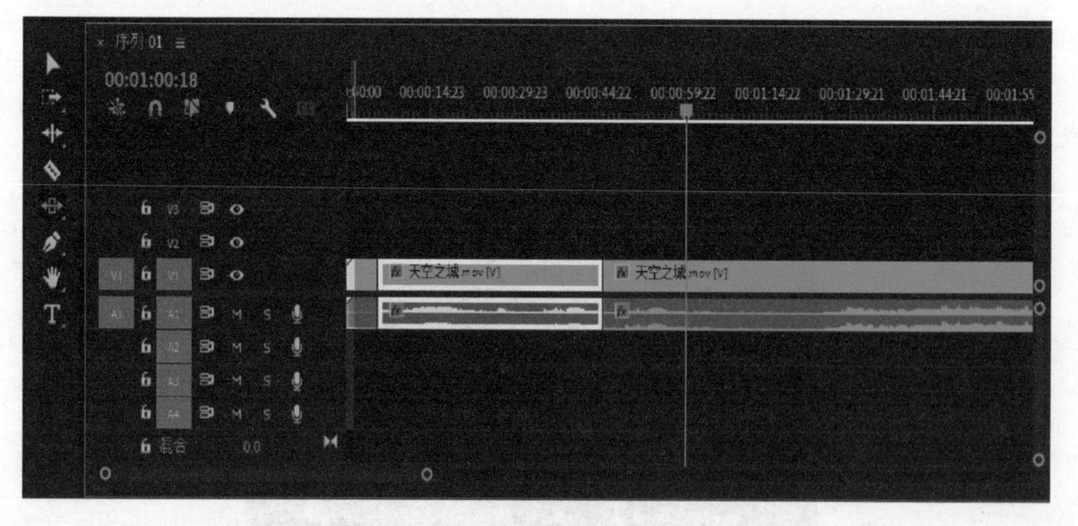

图3-17

从图3-16、图3-17中可以发现，向左移动中间的第二段视频、第一段视频的时间变短、内容减少，而第三段视频时间变长、内容增加。

> **注意：** 内滑工具和前面介绍的比率拉伸工具是不同的，比率拉伸工具虽然不能改变原视频的内容，但能改变视频时长和播放速度；内滑工具对视频时长和播放速度都没有改变，只是相邻的两个视频时间长短被改变了。

2. 外滑工具

外滑工具和内滑工具一样，不是对视频切割点进行操作，而是对整个视频进行操作。它的使用方法如下：

首先用鼠标选中所要编辑的视频（见图3-19），然后长按鼠标左键并向左拖动。如图3-20所示，可以发现整个视频的大体框架时间没有改变，但被选中的视频所截取的时间范围发生了变化。由于向左移动了鼠标光标，所以视频截取的时间范围向前移动了。例如，视频块可能是在原视频中截取了第9分30秒到第10分30秒的时间范围，使用外滑工具向左滑动后，视频段落整体的时间长度还是保持不变，但从原视频中截取的时间范围则可能变成了第8分10秒到第9分10秒。同理，若鼠标光标向右移动，则从原视频截取的时间范围向后进行偏移。总的来说，外滑工具就是将选中视频的时间段前移或后移。

图3-18

图3-19

3.4 视频与音频淡入 / 淡出的做法

本节将学习Pr软件中视频与音频淡入/淡出的做法。淡入/淡出是指素材逐步淡化，以致消隐。如果在剪辑过程中选择淡出/淡入效果，我们就会明显感觉到视频或音频的剪切会变得柔和，减少过渡的生疏感，从而达到一种较为自然的转变。

1. 视频的淡入/淡出

视频的淡入/淡出方法有两种，第一种方法是通过添加转场方式实现淡入/淡出效果，第二种方法是通过对轨道控制线打关键帧的方式实现淡入/淡出效果。下面分别介绍它们的用法。

方法一：通过深加转场放手实现淡入/淡出效果。

首先用鼠标左键单击“效果”（见图3-20），在“效果”中找到“视频过渡”并单击它，在展开的菜单项中找到“溶解”，然后单击“交叉溶解”（见图3-21）。长按鼠标左键，将“交叉溶解”效果拖至需要过渡的两个视频连接处（见图3-22），当“交叉溶解”的效果成功覆盖在两个视频的连接处后，效果添加完成。

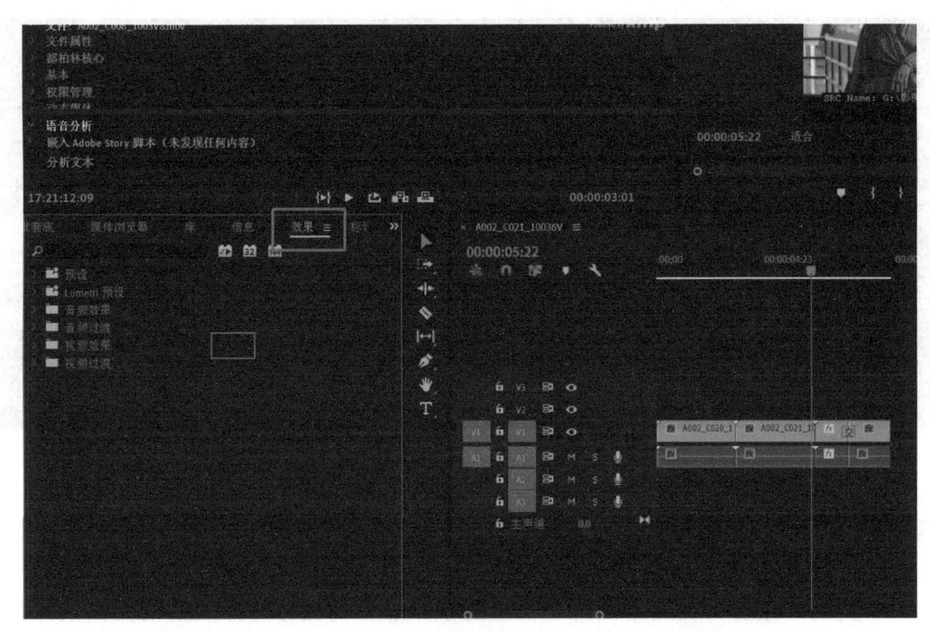

图3-20

图3-21

设置好"交叉溶解"效果后可以发现，原本衔接生硬的两段视频的过渡过程变得柔和了。

方法二：通过对轨道控制线打关键帧实现淡入/淡出效果。

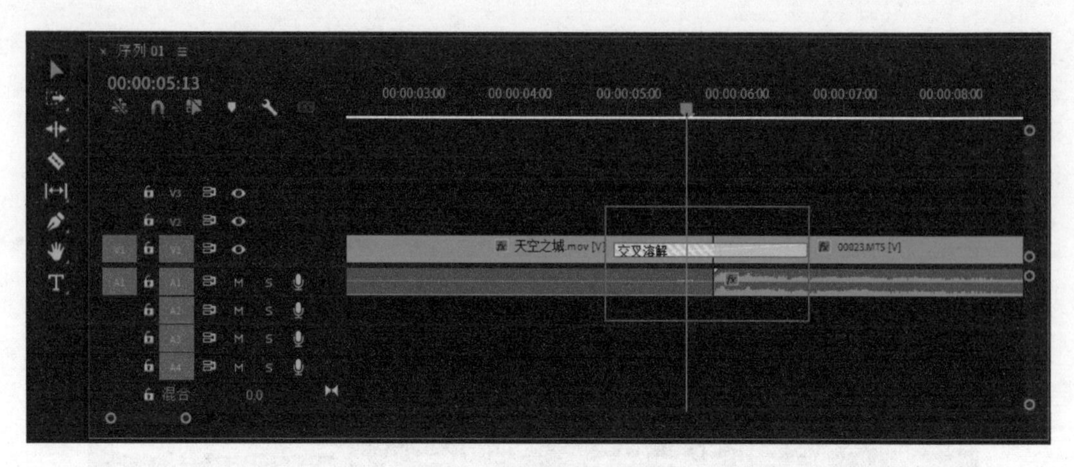

图3-22

第二种方法不仅适用于同一轨道的视频，也适用于不同轨道视频的淡入/淡出。

（1）找到两段要剪辑的不在同一轨道的视频后，将鼠标光标放置在剪辑轨道最前方的小框上（见图3-23），双击鼠标左键，将小框放大。小框被放大后，可以在小框里看见标志，两个箭头中间的圆圈"●"就是所需要用到的工具——关键帧。

> **提示**
>
> 关键帧是在使用Pr剪辑时对数据记录的打点方式（见图3–24）。

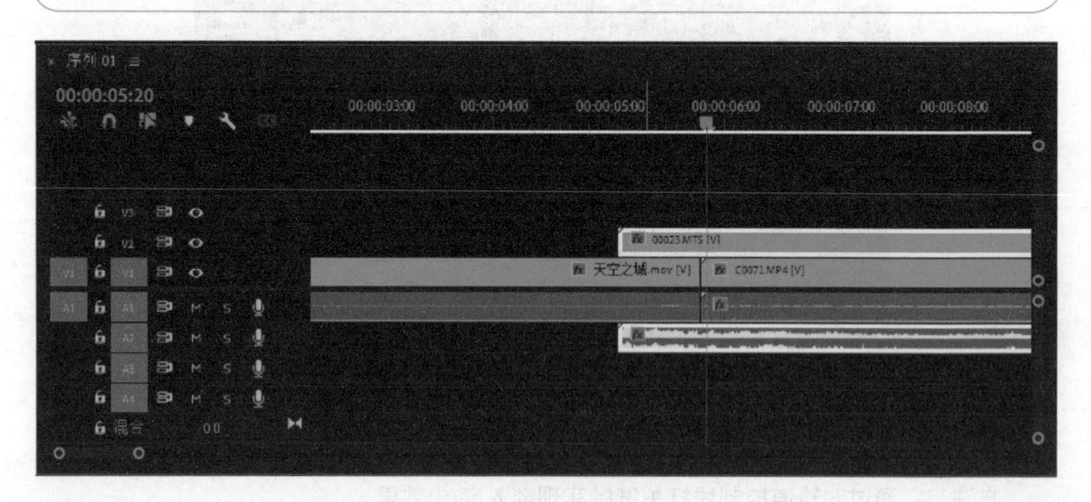

图3-23

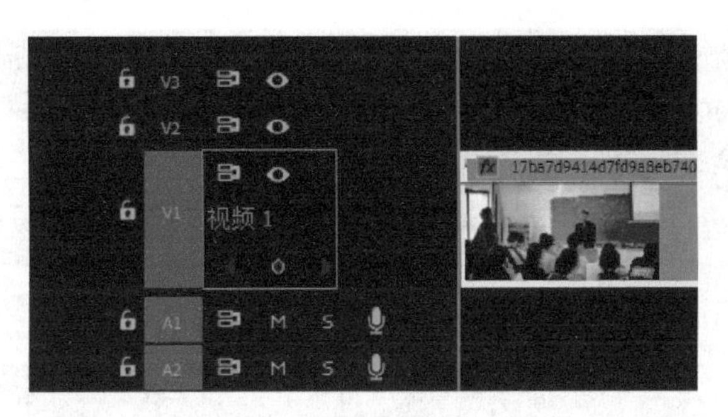

图3-24

（2）鼠标右键单击视频轨道中的视频素材，随后就会出现许多选项（见图3-25），单击“显示剪辑关键帧” →“不透明度”→ “不透明度”选项，此时不透明度的“显示剪辑关键帧”功能就会被激活。

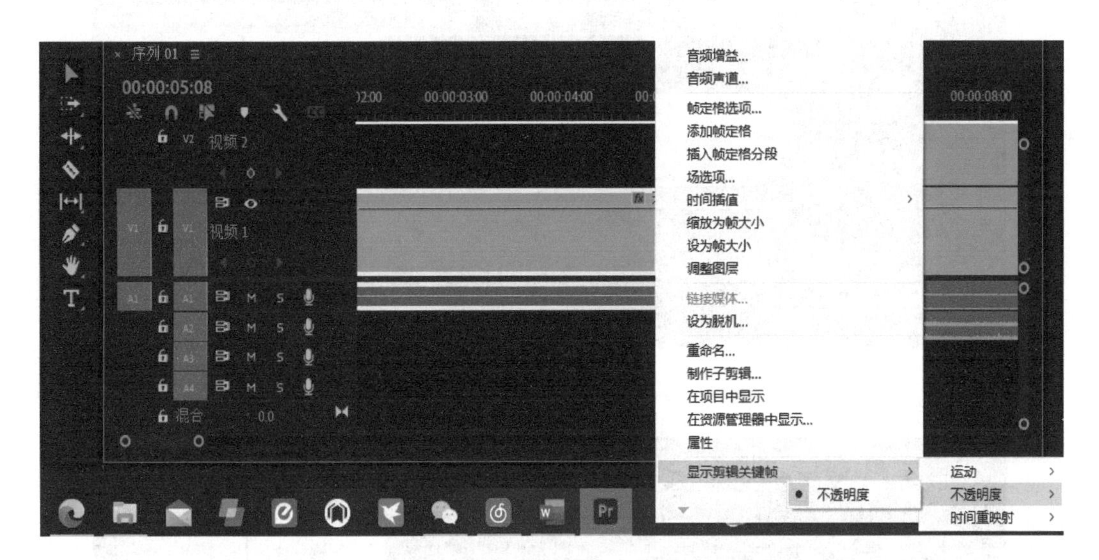

图3-25

（3）视频上会出现一条线（见图3-26红色框内所示的白线），这条线可以控制整个视频的不透明度。默认情况下，这条线没有移动，整个画面是不透明的。将时间轴面板上的蓝色时间轴指针（见图3-27红框所示）移动到需要剪辑的地方，然后单击记录关键帧工具“●”，就可以打上关键帧，即在控制透明度的线上留下一个关键帧的小圆点。

（4）将时间轴指针向右移动，再打一个关键帧（见图3-28）。

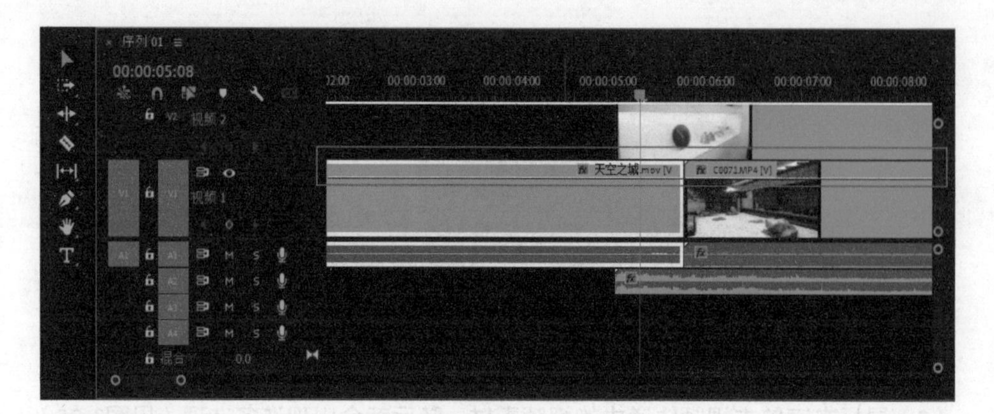

图3-26

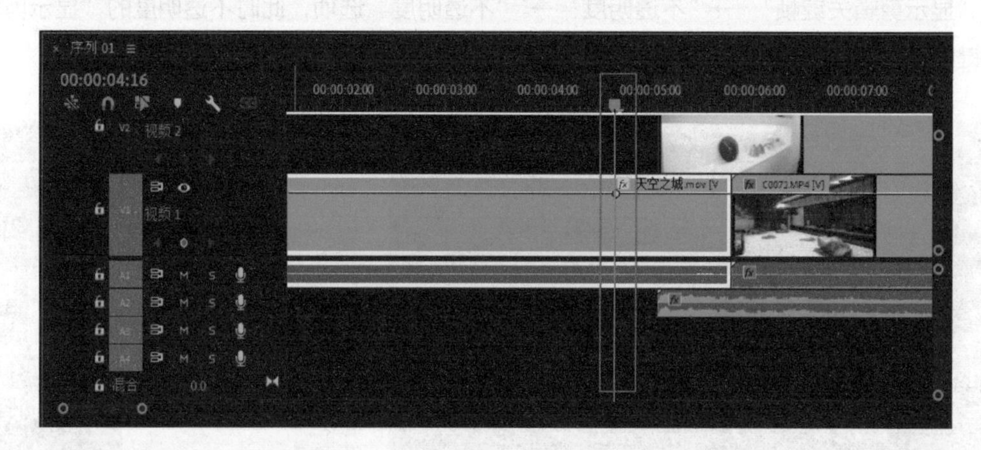

图3-27

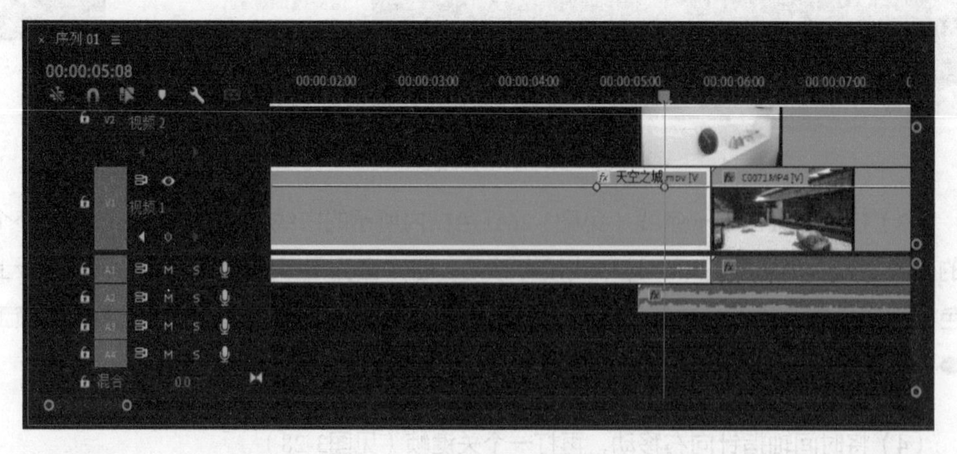

图3-28

（5）长按鼠标左键将第二个关键帧向下拉，视频就从原先第一个关键帧的不透明效果缓缓过渡到第二个关键帧的透明效果，完成从不透明到透明效果的转变（见图3-29）。

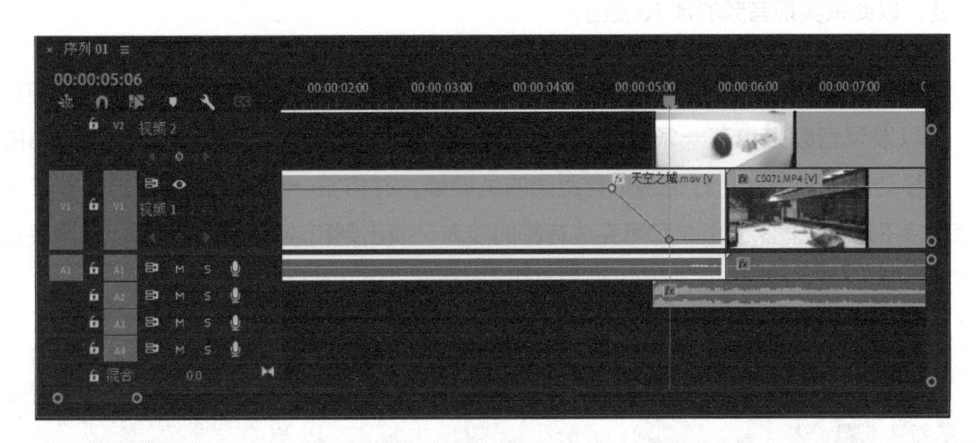

图3-29

（6）重复上面的操作，将上面一段视频也打上两个关键帧。但是要做到视频的淡入，则需要上面的视频第一个关键帧是透明效果，第二个关键帧是不透明效果。所以要将第一个关键帧向下拉，以达到透明的状态（见图3-30），这样便完成了视频的淡入/淡出。

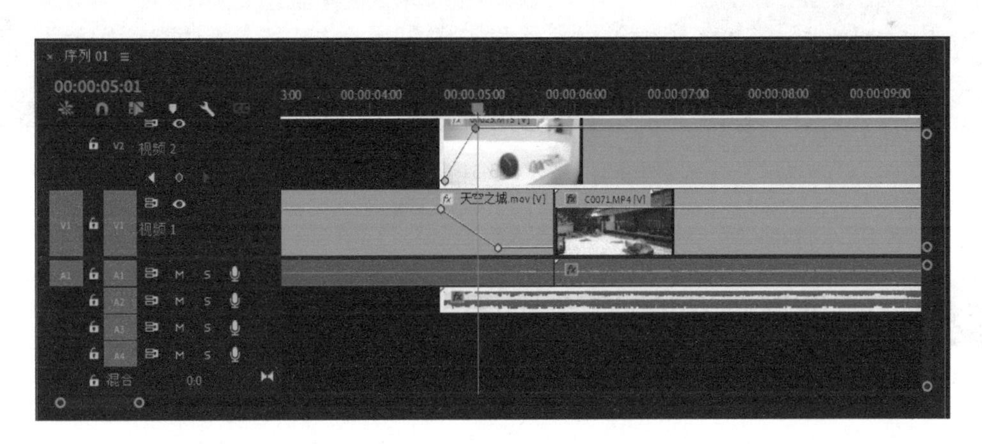

图3-30

2. 音频的淡入/淡出

了解了视频的淡入/淡出后，音频的淡入/淡出的原理是相同的，同样有两种方法。

方法一：单击“效果控件”→“音频过渡”→“交叉淡化”→“恒定功率”选项，将鼠标光标移至“恒定功率”上长按鼠标左键，将“恒定功率”拖至需要剪辑的音频开头或结尾处，以此来实现音频的淡入/淡出。

方法二：鼠标双击需要剪辑音频前的剪辑框，将音频栏放大，可以发现音频上也有一条线，这条线是控制音频声音大小的。鼠标单击要剪辑的音频，再移动时间轴指针，打上两个有距离的关键帧，并将第一个关键帧向下拉，第二个关键帧保持不动（见图3-31），即可完成音频的淡入。淡出则和淡入相反，是将第二个关键帧向下拉，第一个关键帧不变，两个关键帧的距离越远，淡入或淡出得越缓慢。

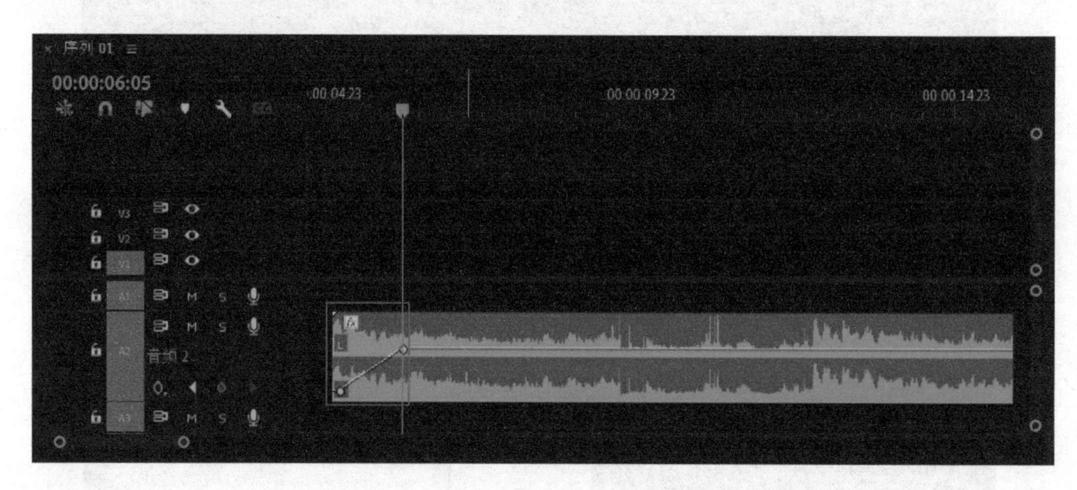

图3-31

3.5 短视频画面的二次构图

在第2章学习了构图的知识，但是在拍摄短视频时常常会因为现场条件的限制，原始素材可能并不完美。比如，人物可能没有在视觉中心点上，有障碍物遮挡了画面，或者横屏拍摄的素材要放在竖屏的序列中。这就需要我们在后期进行二次构图来修饰。

所谓二次构图，就是在后期处理软件中通过缩放素材的大小、移动素材位置的方式来解决在前期拍摄中未达到预期效果的状况，使构图顺应影片的需要而变换。接下来学习二次构图的方法。

（1）找到图3-32所示的左下角的项目窗口，在空白处单击鼠标右键，会出现快捷菜单，单击“新建项目”→“序列”选项。

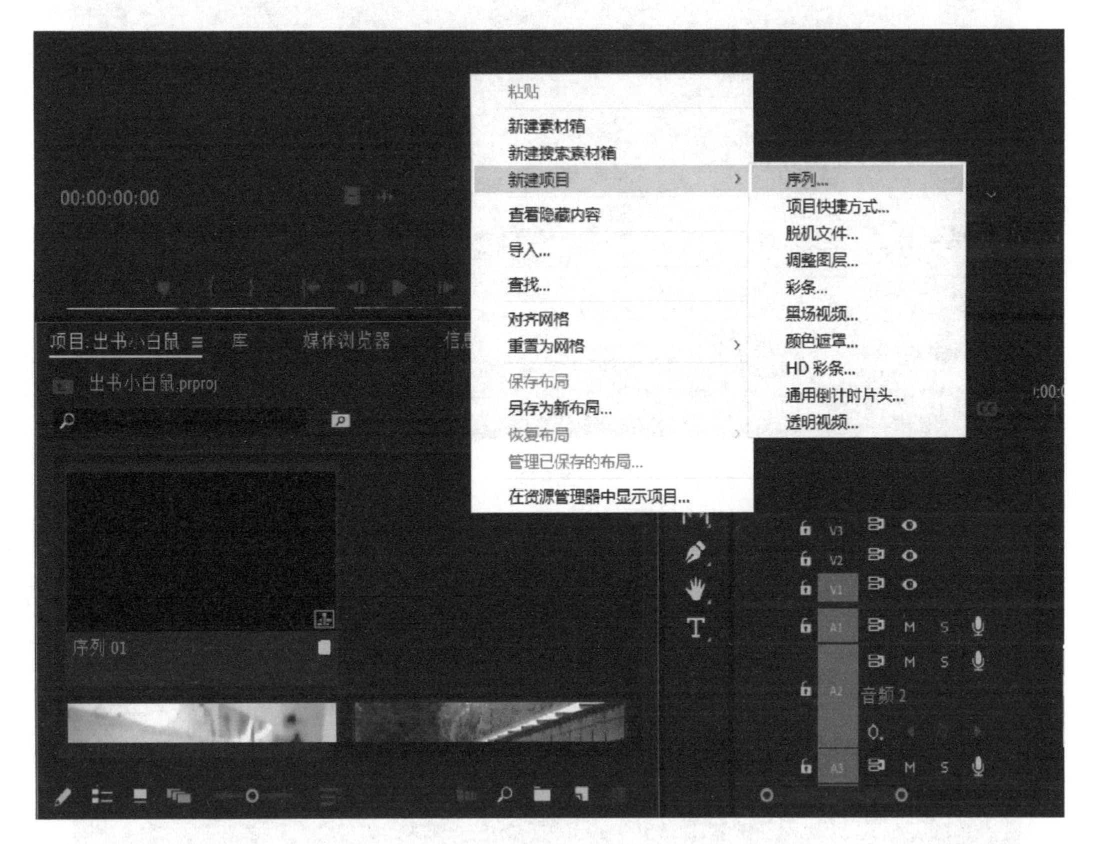

图3-32

（2）随后会出现“新建序列”编辑面板。鼠标单击“设置”选项卡，“编辑模式”选择为自定义，“时基”选择25.00帧/秒（见图3-33）。

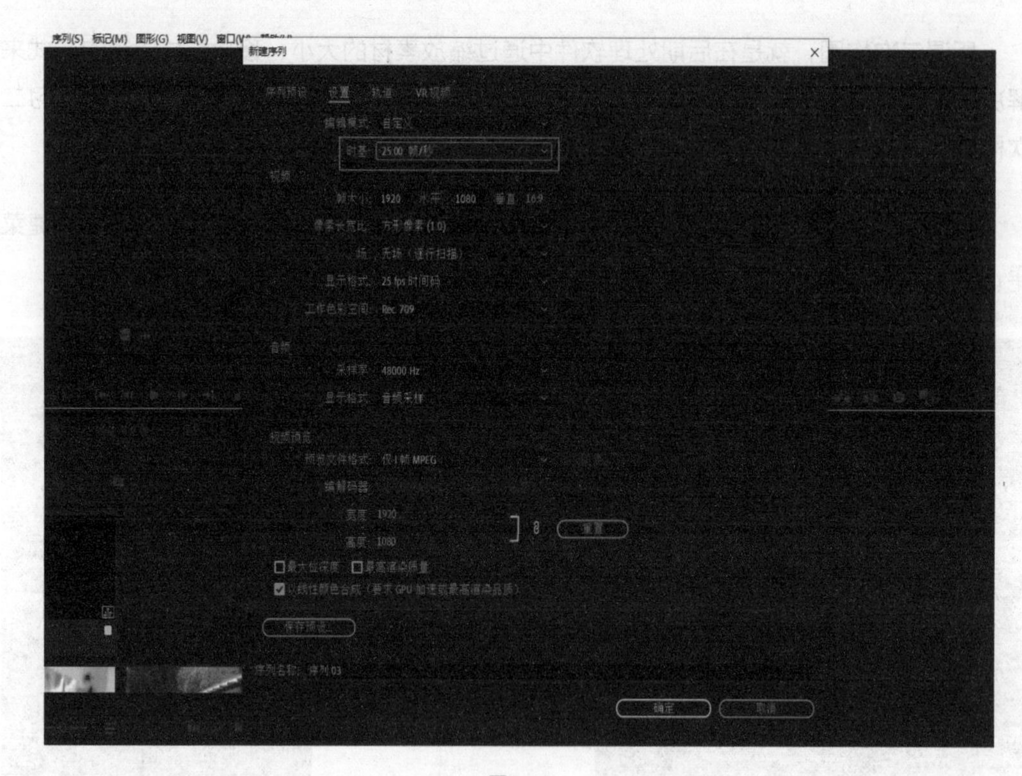

图3-33

（3）当时间轴面板出现如图3-34所示的情况时，表示已建立了一个新的序列。鼠标单击项目面板里所需的视频，长按鼠标左键将视频拖至序列上。

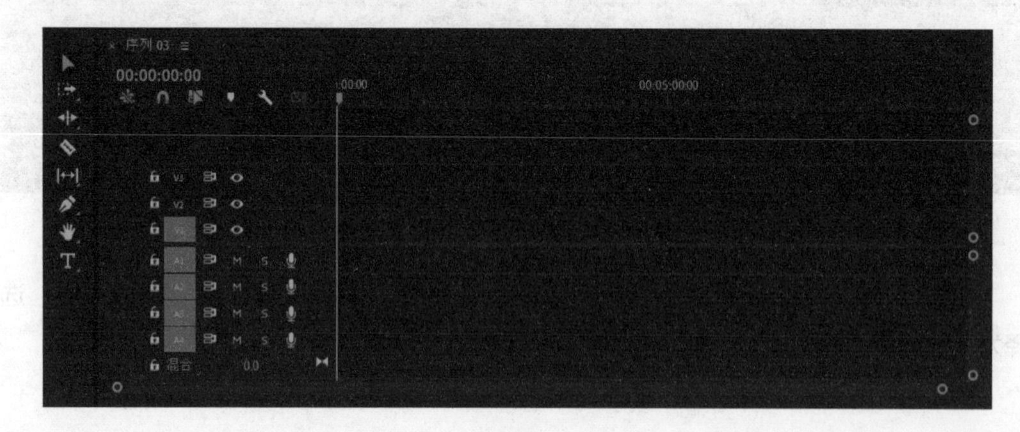

图3-34

（4）若出现如图3-35所示的弹框，则单击“保持现有设置”按钮，这样就可以将素材拖到时间线上了。

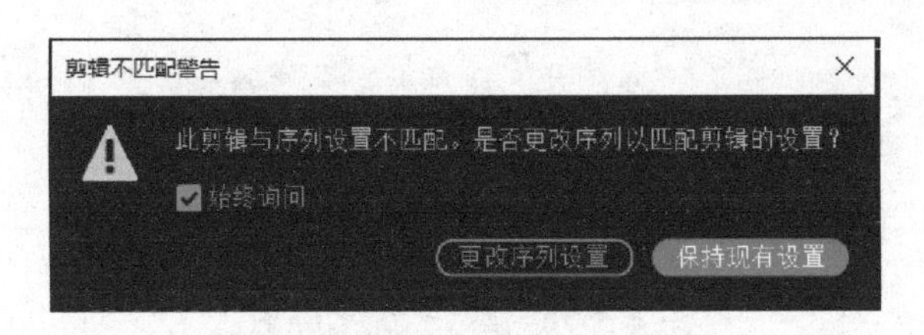

图3-35

（5）此时视频出现在序列上，观察节目面板可以发现视频和序列并不匹配（见图3-36），画面的边缘有黑框存在。

图3-36

（6）在项目面板中单击选中视频，再单击源面板里的“元数据”选项。在元数据里可了解到所选视频的属性，本例视频的视频信息是“1280 × 720（1.0）”（见图3-37），而新建序列的参数是“1920 × 1080”，导致本例视频大小与序列大小不符。

（7）因为视频与序列不符，所以要利用二次构图让视频恢复原状。通过观察可以得出，视频的画面小于序列的画面，所以先在项目面板里选中视频素材，找到源面板里的效果控件（见图3-38）。展开“fx运动”前的小箭头 > fx 运动 。

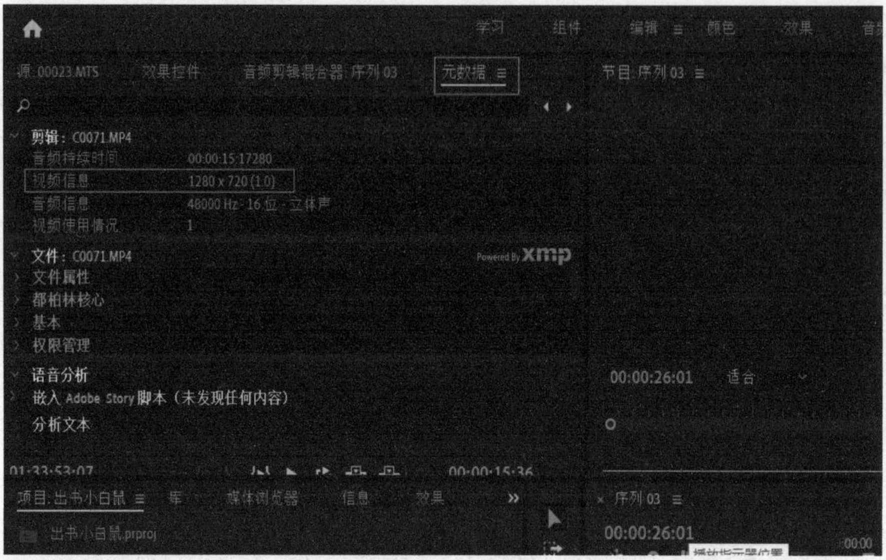

图3-37

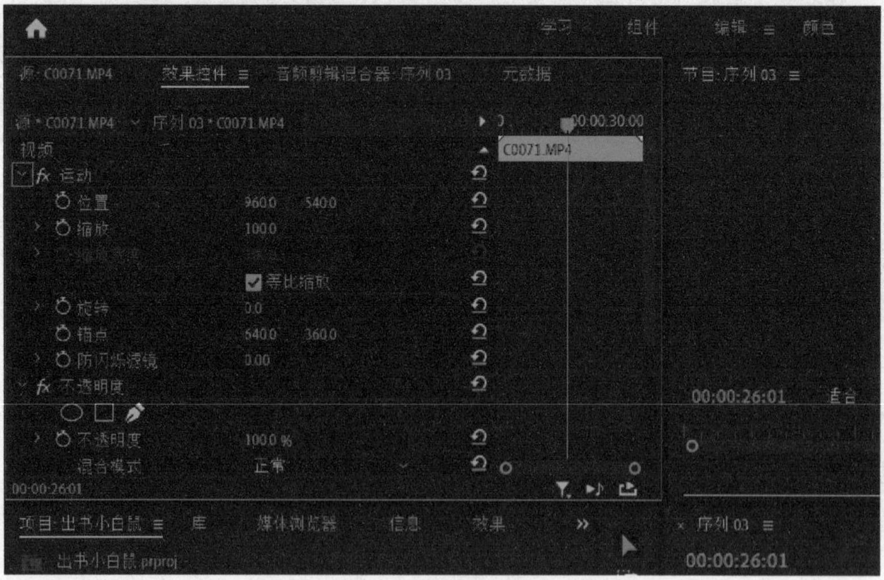

图3-38

（8）展开隐藏图标后，可以看到一个名为“缩放”的选项，将鼠标光标放在缩放属性后的蓝色数字上，按住鼠标左键的同时向左或向右移动鼠标，可以快速更改数值，发现随着数字的改变，节目面板的视频大小也发生了改变。在数字变化到一定数值时，视频将与序列正好吻合。我们可以通过缩放画面到合适的值来完成后期的二次构图。

在短视频中，二次构图是很常用的功能，如一些横屏画面要放在竖屏的序列中，就需要采用二次构图的方式改变素材的“缩放”和“位置”，使其匹配竖屏画面的布局（见图3-39）。

（a）二次构图调整前

（b）二次构图调整后

图3-39

3.6 让短视频中静止的照片动起来

我们在制作短视频的时候，很多素材其实是静止的照片，如果需要让这些静止的照片看起来有动感，就需要使用到效果控件中的一个重要概念——关键帧。关键帧是画面关键动作产生变化所处的一帧，我们在3.4节中已经介绍过关键帧的概念，本节将介绍如何利用关键帧让静止的画面动起来。在含有照片的影片中，单一的照片显得单调，需要设置一个推动过程，这时也可以利用“缩放”控件进行关键帧的处理，来达到这种推动效果。

（1）鼠标单击“缩放”前的关键帧标识，这时已经在视频的开头设置了第一个关键帧，“缩放”设为60（见图3-40），将时间轴指针拉至视频的第4秒，再次单击关键帧标识，使视频的第4秒也成为关键帧，并把数字设置为原数字的两倍——120（见图3-41），该照片就完成了关键帧动画设置。

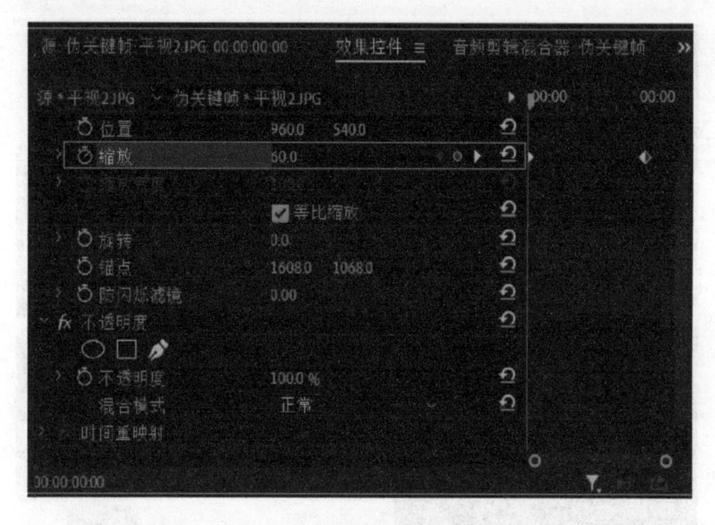

图3-40

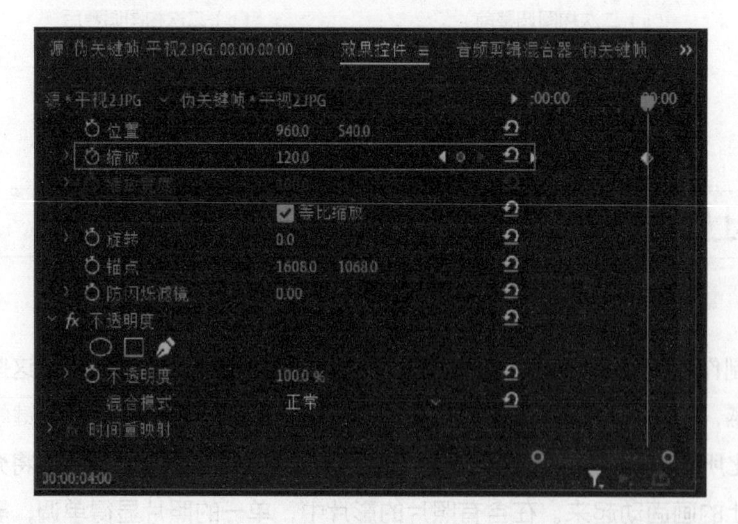

图3-41

（2）若从起始位置播放关键帧动画有些卡顿，则需要通过“渲染”来解决这一问题。鼠标单击菜单中的“序列”栏，在下拉菜单中单击“渲染入点到出点”进行渲染，视频便会重新流畅地播放。

（3）如果要消除所设置的关键帧和关键帧动画，只需再次单击关键帧标识，就会弹出“该操作将删除现有关键帧。是否要继续”的提示框，单击“确定”按钮，则所有的关键帧被删除。

3.7 制作短视频中的氛围光晕

在一些需要营造具有强烈氛围感的短视频作品中，在拍摄时因为外部因素而导致所拍摄的素材没有营造出足够的光晕氛围感，这时可以在后期为视频添加光晕。本节将介绍如何在后期制作中为视频添加光晕，使影片更加出彩。具体操作如下。

（1）选择需要添加光晕的视频后在Pr里建立一个序列，将选择好的视频拉动至序列上。将时间轴指针移动至视频中需要添加光晕的位置，单击时间轴面板上的标记工具（见图3-42），时间轴指针所在的视频处则会设置一个绿色的标记（见图3-42）。这样在添加光晕时，能更快捷地找到添加位置。添加光晕其实不需要任何插件，只需要添加背景为黑色的光晕视频（见图3-43）。拥有光晕视频后，就可将其导入项目面板内。

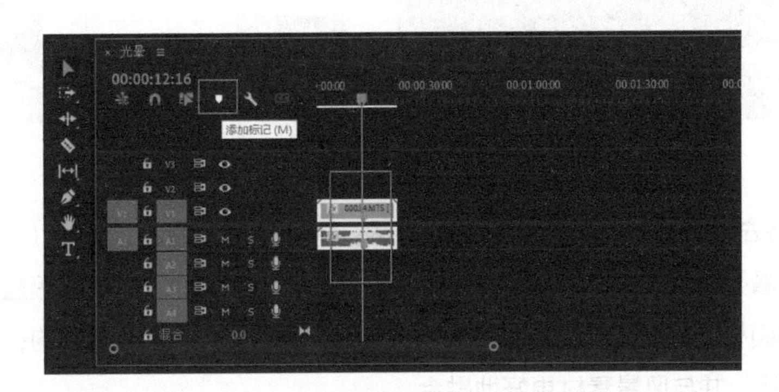

图3-42

图3-43

（2）在项目面板的空白处单击鼠标右键，在弹出的快捷菜单中选择“导入”选项（见图3-44），将光晕视频导入到Pr中。

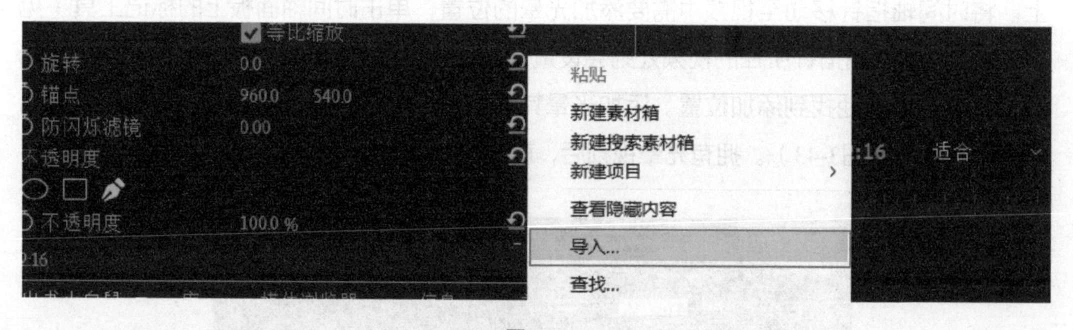

图3-44

（3）鼠标左键长按项目面板中的光晕视频，将它拉至设置的标记后（见图3-45），从节目面板上观看整个视频，只能看到光晕视频，因为默认轨道二的视频遮盖了轨道一的视频。现在节目面板上只有光晕效果的视频，因为这个光晕素材是不透明的，我们需要让这个光晕变得透明，并与风景素材更好地融合。

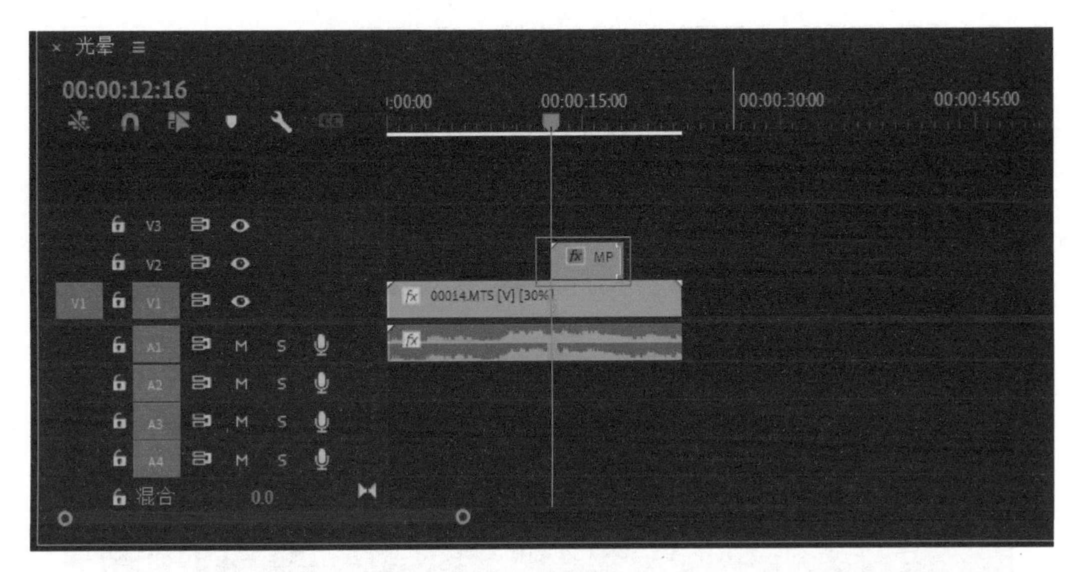

图3-45

（4）单击光晕视频，在源面板中单击“效果控件”，将不透明度的数值拉到能看到选定原视频的数值（大约40%左右），现在光晕视频和选定的原视频已经有一定程度的融合。但是观看节目面板可以发现，光晕视频与原视频的融合并不自然，且原视频存在黑边的地方也同样存在光晕效果，这样显得有些生硬（见图3-46）。

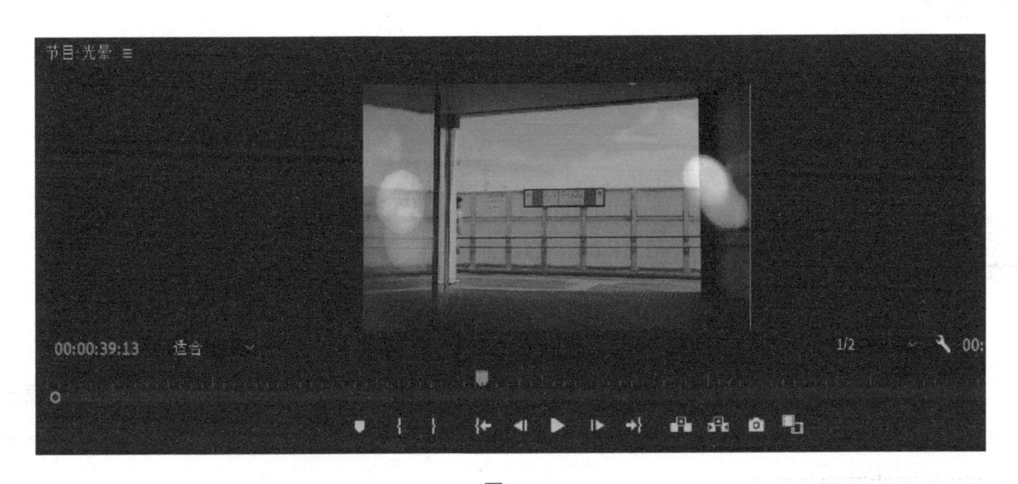

图3-46

（5）为了让光晕视频和选定的剪辑视频融合得更好，鼠标左键单击源面板的效果控件，可以看到“不透明度”下面有个“混合模式”选项（见图3-47）。

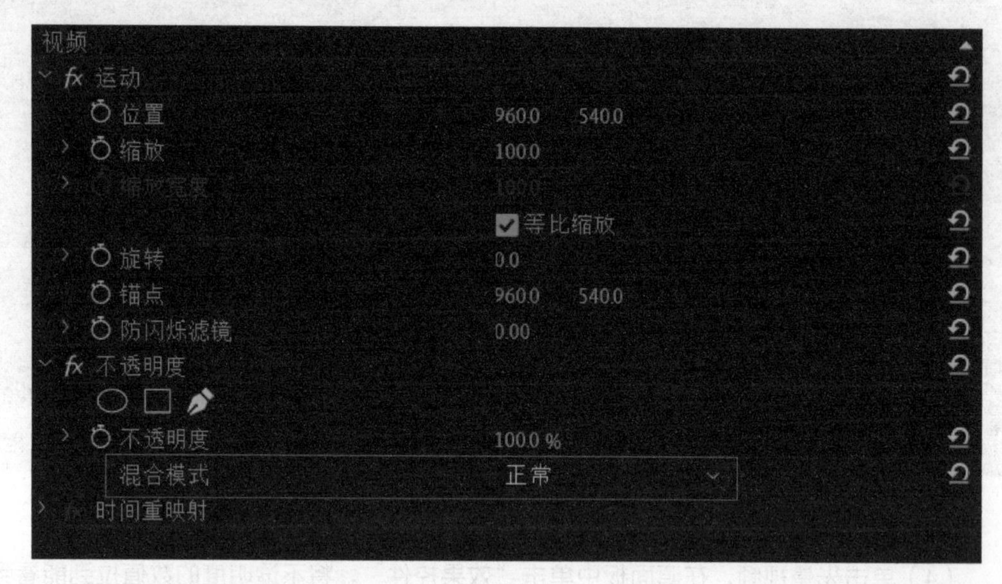

图3-47

（6）单击“混合模式”右边的“正常”文字框，会弹出一系列的混合模式选项，选中“柔光”模式。现在再次看节目面板里的视频，光晕视频与原视频之间的融合已经变得更加自然了。

（7）调整光晕的强度。如果希望光晕变强一些，可以将视频的不透明度调高。

3.8 控制画面的速度与节奏

在制作影片的过程中，节奏是一个十分重要的要素，它是视频的中心主线，也是调动观众观后感受的动线。不仅音频需要有节奏，视频也需要有节奏。本节将介绍如何通过Pr软件控制画面的速度与节奏。

在3.2节中曾涉及过比率拉伸工具，该工具其实就是对视频节奏进行调整，通过使用该工具，可以直观地观察到视频播放速度变快或减缓。但是比率拉伸工具只是对视频进行粗略的调整，下面将介绍如何更加精细地控制画面的速度与节奏。

（1）先建立一个新序列，将要剪辑的视频拉至序列上。再在视频上单击鼠标右键，在弹出的快捷菜单中选择“速度/持续时间”选项（见图3-48），弹出“剪辑速度/持续时间”对话框。

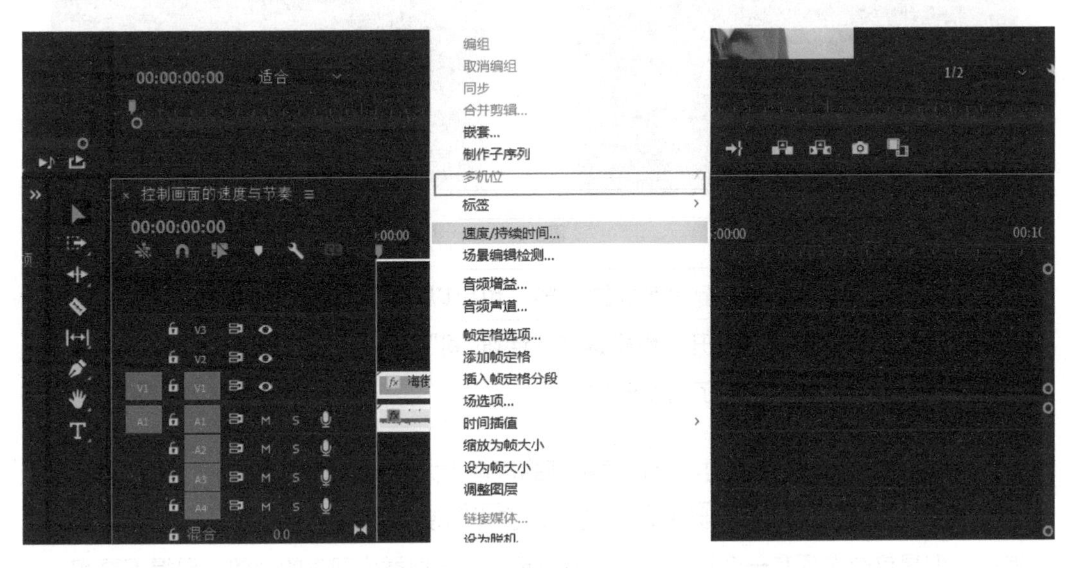

图3-48

（2）在弹出的“剪辑速度/持续时间”对话框中可以调整视频素材的播放速度，正常速度就是标定的100%，若想让视频速度比原来快一倍，只需将数字100改成200，单击“确定”按钮，视频时间就从原来的01:07:09加快为00:33:17（见图3-49）。也就是说，编辑过的视频速度变为了原视频的两倍，时间就缩短为原来的一半，且声音变尖锐了。序列上的视频中出现了 fx 标识，就代表对此段视频添加了一个效果。

（3）若想让原视频播放速度减慢，只需将数字100变为50，其他操作不变，视频播放速度就会减半，且视频声音变得低沉和延迟。

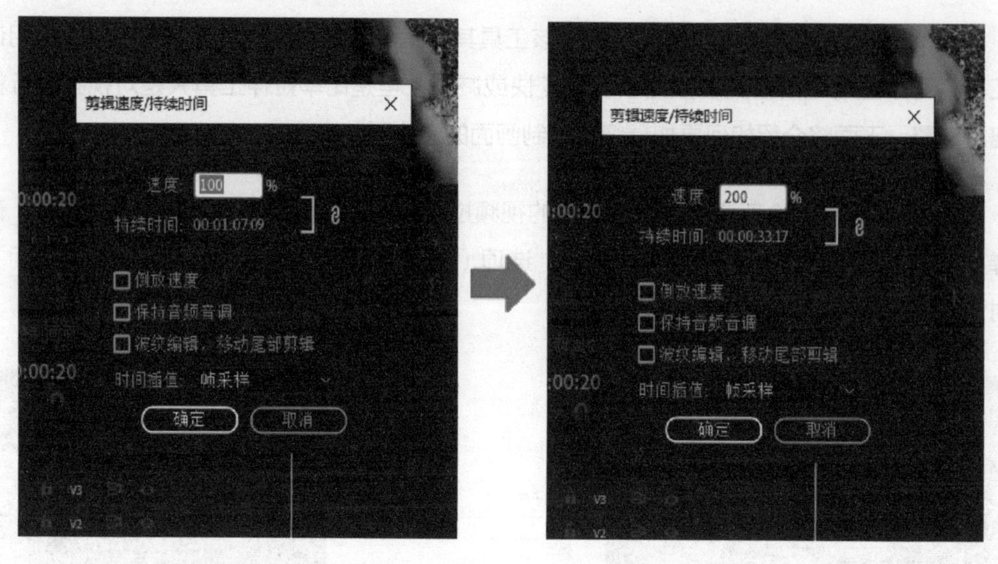

图3-49

（4）若想要让视频产生倒序播放的效果，也可以利用“速度/持续时间”选项完成。首先按照前面所讲述的方法打开“剪辑速度/持续时间”对话框，然后选择“倒放速度”选项，被选定的视频便被设置成了倒放模式。

（5）若在调节视频速度时不想让原视频的声音受太大的影响，可以在“剪辑速度/持续时间”对话框中选中“保持音频音调”选项，这样即使视频被提速或减缓，声音的影响也会减少。但是这个选项有一个缺点，它会使视频声音出现类似回声的音效，显得不真实。

3.9 升格短视频的拍摄制作方法

升格画面能产生丝滑流畅的放慢效果，在短视频作品中使用升格技巧能让观众产生一种与日常生活不同的陌生感。比如，当我们要想用短视频记录瀑布下落的过程，或者潺潺溪水的流动过程，如果使用正常速度拍摄视频，就难以体现瞬间动作的美感。但如果使用升格方式来记录，我们就可以慢慢地观赏瀑布下落的过程，或者看到溪水缓缓流动的过程。

在剧情类短视频中，利用升格技巧可以放慢某个动作，让观众仔细观看某个情节，产生戏剧化的时间延长效果。

知道了升格的作用后，下面从技术上来了解什么是升格。升，指代上升；格，其实就是帧。升格的意思就是在拍摄的时候，增加每秒拍摄的帧数。例如，如果电影的帧速率为24帧/秒，升格不是按照24帧/秒的帧速率进行拍摄，可能是以48帧/秒的速率进行拍摄的。相对于24帧/秒，48帧/秒就是升格，它在每秒内提升了24帧。提高帧数拍摄的好处在正常播放中是体现不出来的，但在后期剪辑中提高帧数拍摄可以用来放慢速度。因为如果原始拍摄素材采用的是24帧/秒，将素材放到24帧/秒的序列中，24帧/秒减速一半就是12帧/秒，视频在播放时会出现卡顿、不流畅的现象。如果把48帧/秒减速一半，就是24帧/秒，这种升格放慢的效果看着是流畅的，不会出现卡顿现象。

理解理论后，下面结合实操加强对理论的理解。具体操作如下。

（1）新建一个序列，序列的帧速率设置为24帧/秒，将项目面板里帧速率为48帧/秒的视频素材拉至序列上。单击时间轴面板中的视频，再选择源面板中的“元数据”，就可以知晓视频的帧速率，确定视频的帧速率是48帧/秒（见图3-50）。

（2）了解视频素材的帧速率后，我们可以对该视频的播放速度进行调整。根据前面所学内容，在“剪辑速度/持续时间”对话框中将速度设置为“50”。为了避免在播放时产生卡顿的现象，可单击菜单中的“序列”→“渲染入点到出点”选项（见图3-51），在完成一遍渲染后，视频就能流畅地播放了。

图3-50

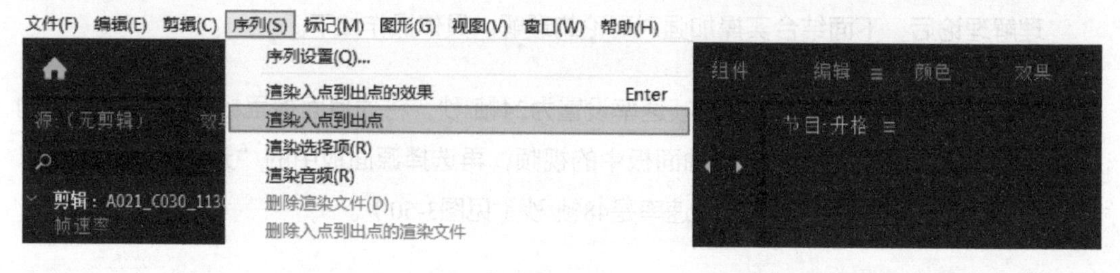

图3-51

（3）播放视频发现，人物的运动依旧是流畅的，这是因为原视频的高帧速率为视频的后期调整提供了放慢的空间。在拍摄影片时，我们就需要考虑视频是否要在后期进行慢放处理。如果视频要在后期慢放，就需要在拍摄时提高视频的帧速率。

我们用手机进行拍摄时，使用的慢动作拍摄模式其实就是升格拍摄。当我们拍一段慢动作画面后，手机会自动保存为一段慢放的视频。如果需要将它恢复成正常速度，就需要在后期处理时加快速度。

3.10 软件自动同步视频和音频

我们在拍摄视频素材时，摄影机同期收录的声音很多时候是不能直接使用的，因为摄影机并没有很好的指向性，拍摄时会收到很多环境杂音。因此，在进行专业拍摄时，声音往往都是单独通过录音机收录的。在Pr的项目栏中有两个素材，其中选中的是摄影机拍摄的素材，另一个就是录音机单独收录的音频素材（见图3-52）。在后期处理中就会遇到一个问题：怎样让现场拍摄的视频和同期收录的音频快速同步呢?

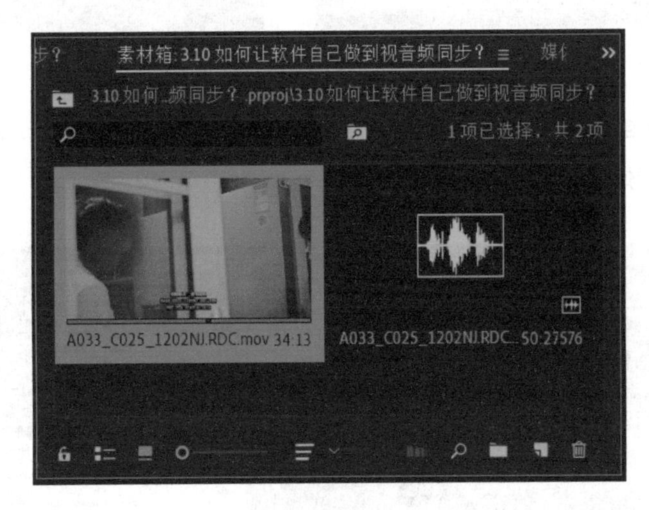

图3-52

最直接的方法是，将素材全部拖入时间轴后，根据画面和声音手动对齐摄影机记录的音频和录音机单独收录的音频，再禁用或删除摄影机所录素材的音频。但是这种手动对齐方法不仅烦琐，还容易有误差。这时我们利用下面的方法能够在极短的时间内让视/音频完全同步。

（1）按住键盘上的“Ctrl”键，分别单击两个素材，将它们全部选中后单击鼠标右键，在弹出的快捷菜单中选择“合并剪辑”选项，在弹出的对话框中选择“音频”选项，然后单击“确定”按钮。等待一段时间后，在项目面板中会看到一个已经将音频自动对齐的素材，将这些素材拖入时间轴中即可（见图3-53）。

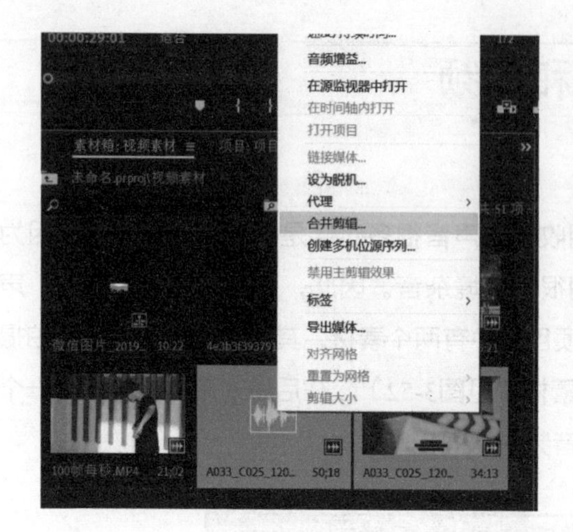

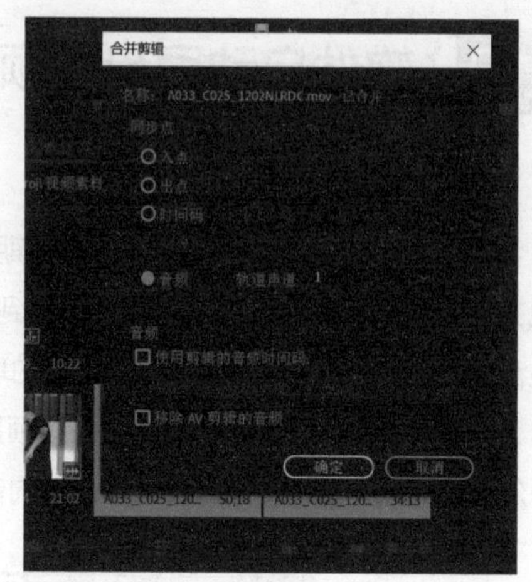

图3-53

（2）此时时间轴中的素材有一个视频轨道和四个音频轨道（见图3-54），我们还需要对素材的音频进行处理。

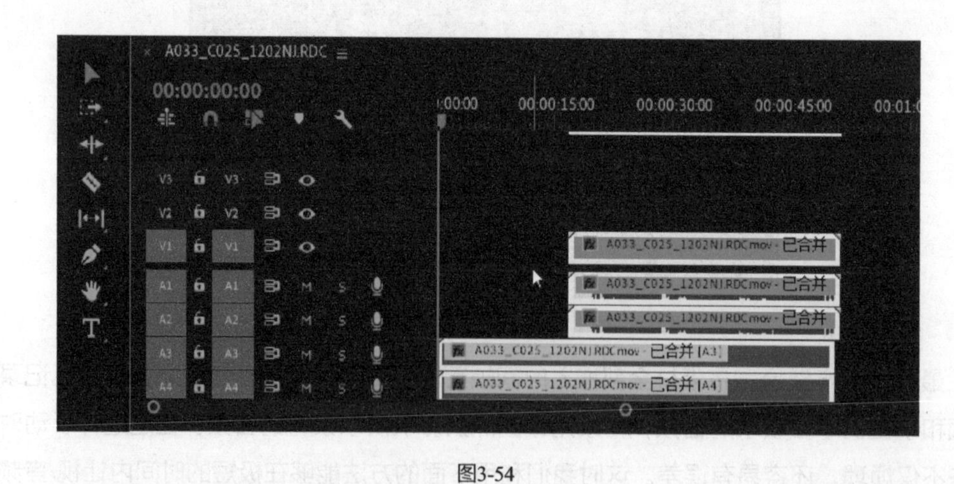

图3-54

（3）将摄影机所录素材的音频先静音（见图3-55），播放素材确认视/音频是否对齐。确认完毕后删除这段音频，整理轨道，即可完成视频和音频的自动同步。

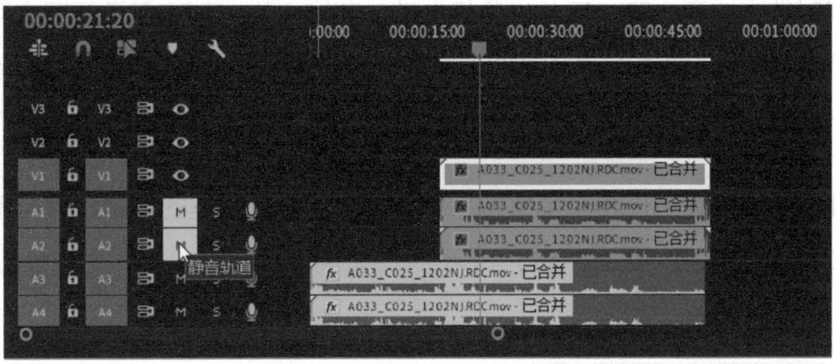

图3-55

3.11 软件的多机位剪辑技巧

在拍摄一些采访或晚会场景的视频时，我们经常会架设几个不同的机位联合进行拍摄，在拍摄结束后，后期需要将这几个不同机位拍摄的内容连接起来。这就需要利用多机位剪辑的方法来对素材进行处理，以提升剪辑效率。本节将介绍Pr软件的多机位剪辑技巧。

下面我们从侧面和正面两个机位截取了一段视频素材（见图3-56），接下来演示怎样进行多机位剪辑。

图3-56

（1）同时选中这两个素材后单击鼠标右键，在弹出的“创建多机位源序列”对话框中勾选“音频”和“将源剪辑移动至‘处理的剪辑’素材箱”选项，单击“确定”按钮（见图3-57）。

（2）此时项目中会出现一个多机位序列和一个名为“处理的剪辑”素材箱，两段源素材即可保存在该素材箱中（见图3-58）。

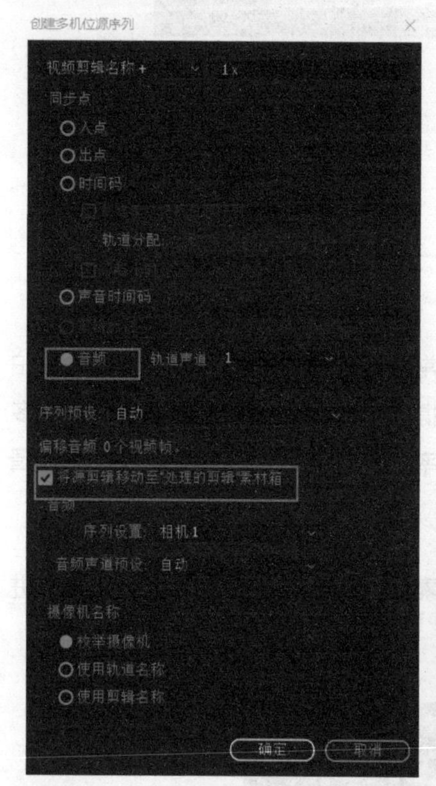

图3-57

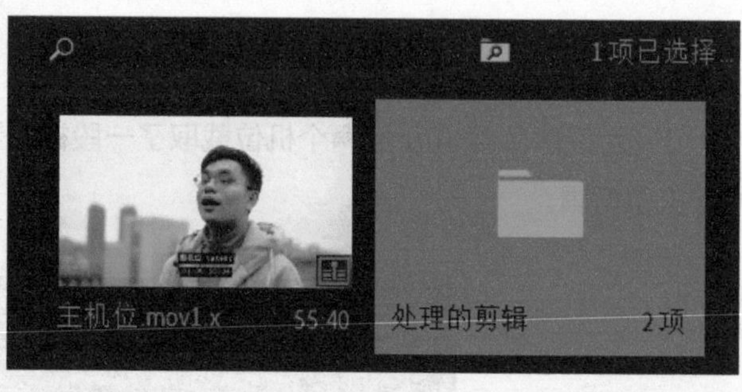

图3-58

（3）将得到的多机位序列放进时间轴中，接下来启用多机位，步骤如下：右击时间轴中的素材，在弹出的快捷菜单中选择“多机位”→“启用”选项（见图3-59）。

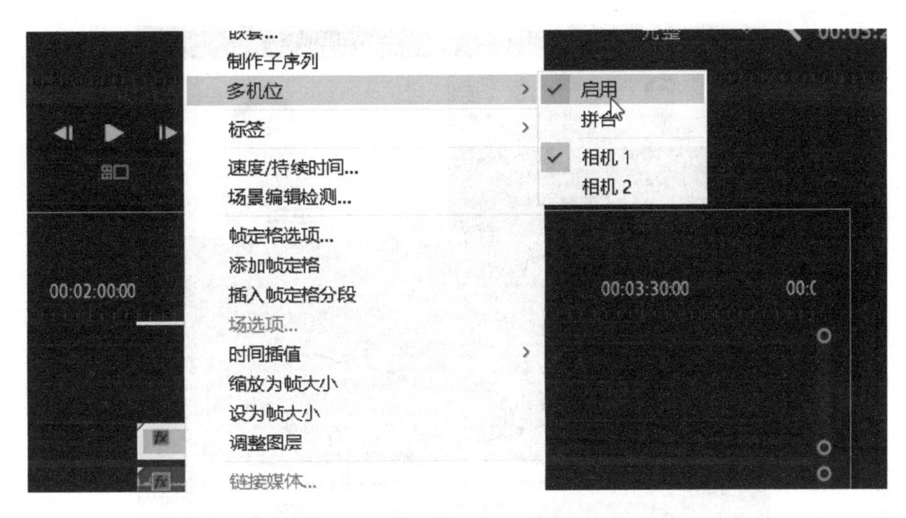

图3-59

（4）在取景框中单击“加号”图标，选择“多机位”或直接按“Shift+0”组合键（见图3-60）。

“0”是键盘上方的数字“0”，不是小键盘上的数字“0”，也不是字母“o”。

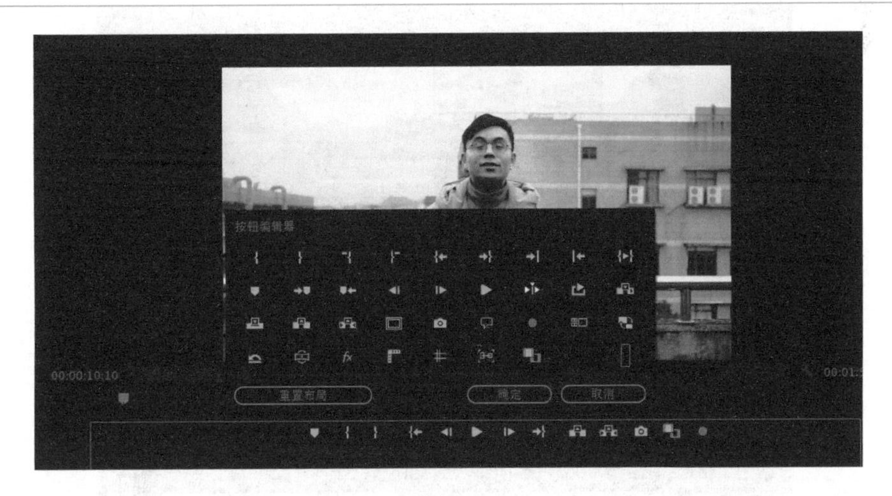

图3-60

（5）当我们看到如图3-61所示的界面时，便成功启动了多机位剪辑。

图3-61

（6）接下来对素材进行机位切换的剪辑。播放视频时，鼠标单击选择取景框左上角的机位，当窗口变成红色时，表示视频切换到了选择的机位进行播放，并且记录了这次剪辑。停止播放视频时，时间轴中便会标记记录的剪辑（见图3-62）。

图3-62

（7）当我们多次做出切换操作之后，就可以看到在时间线上视频已经被剪辑成了多段（见图3-63）。

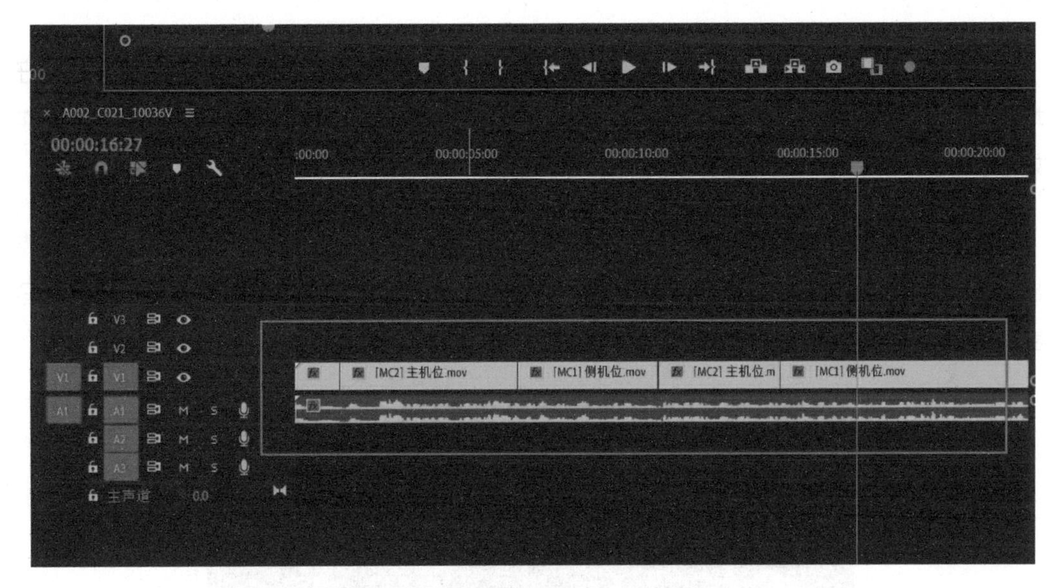

图3-63

完成多机位的剪辑后，若需要切换不同机位所录的声音，双击绿色的多机位序列嵌套后，进入嵌套序列内部（见图3-64），在音频轨道中对不需要的音频静音，或者单击“S”键选择需要的音频进行独奏。之后单击左上角的“侧机位”回到多机位序列。

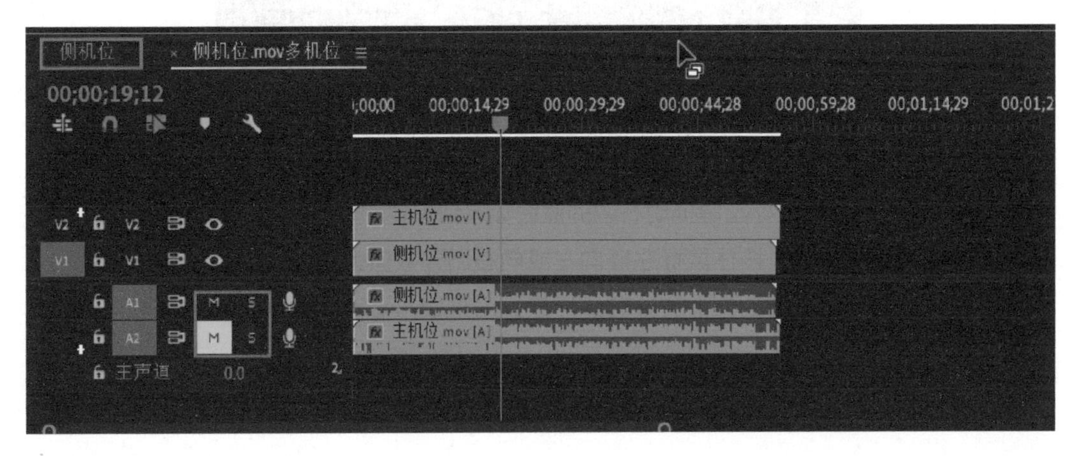

图3-64

3.12 为短视频中的隐私信息加马赛克

在一些采访中通常会出现被访者较为私密的内容，合理地运用马赛克效果可以较好地保护被访者的隐私。本节将介绍如何在视频中为隐私信息添加马赛克效果，具体操作如下。

（1）在“效果”菜单中分别选择“预设”→“马赛克”→“马赛克入点”和“马赛克出点”（见图3-65）。“马赛克入点”和“马赛克出点”的使用原理是一样的，这里以“马赛克出点”为例进行讲解，按住鼠标左键将其拖曳到时间轴的素材中。

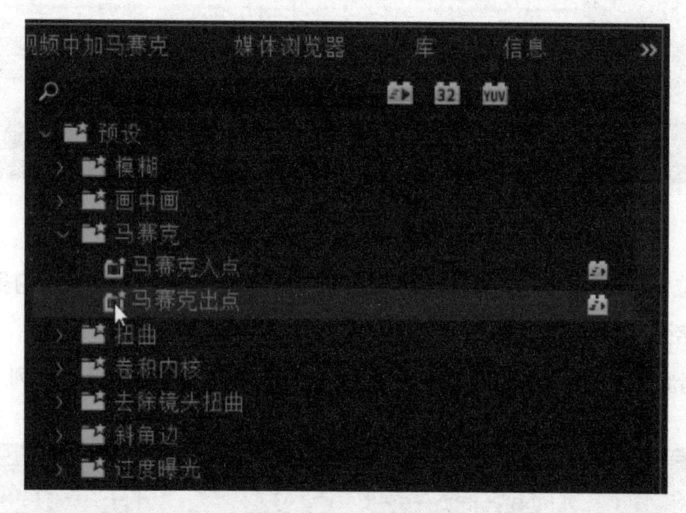

图3-65

（2）选中的时间轴中添加了“马赛克出点”的素材，在效果控件中找到“马赛克”效果（见图3-66）。按住鼠标左键拖动右边的蓝色标尺到想要的地方，将鼠标光标放在“水平块”右边的蓝色数值上，按住鼠标左键向左或向右调整数值大小，或者直接用键盘输入想要的数值，此时系统会自动打上关键帧。注意，水平块与垂直块的数值越小，马赛克块越密集。

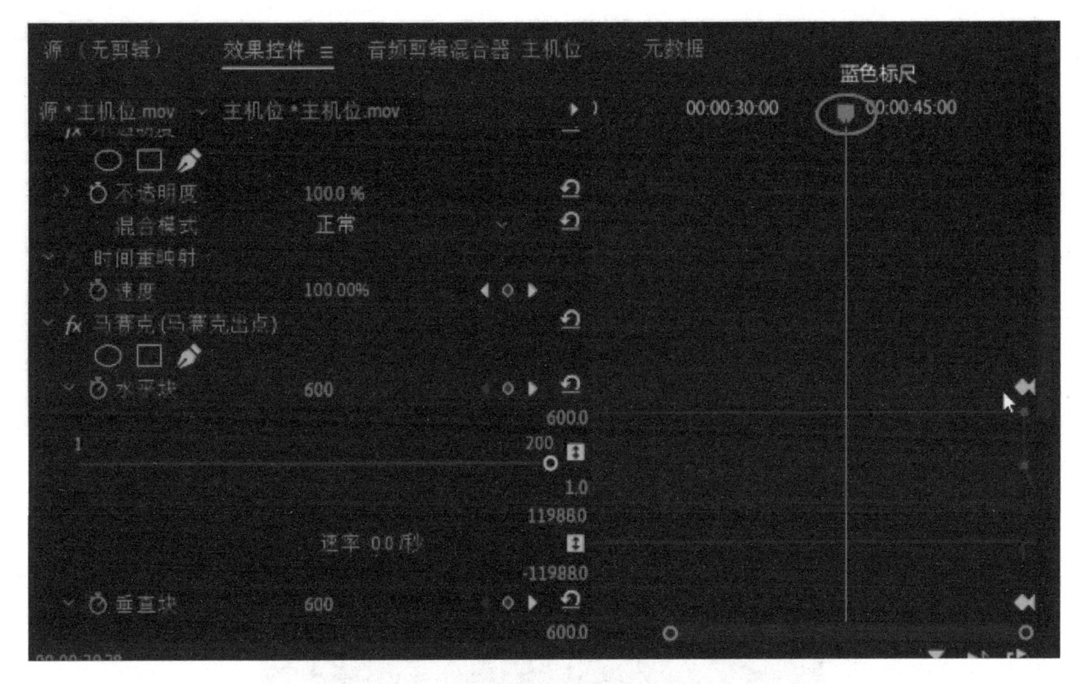

图3-66

（3）可以看到，时间指针在左边关键帧时视频都被打上了马赛克，到右边关键帧时，马赛克逐渐减弱至消失（见图3-66）。调整右边马赛克的数值可以让马赛克一直存在（见图3-68）。

图3-67

图3-68

（4）如果只想在局部添加马赛克，可以使用“马赛克”下的蒙版工具来限制马赛克的范围（见图3-69）。

图3-69

（5）以“创建椭圆形蒙版”为例，单击椭圆形图标，右边监视窗口出现一个蓝色的椭圆形。拖动该图形到需要的区域，便可以仅给该区域添加马赛克效果。鼠标左键拖动椭圆边上的点可以进行细微调整。勾选“已反转”选项，则会对遮罩进行反转选取，对椭圆外的区域添加马赛克效果（见图3-70）。

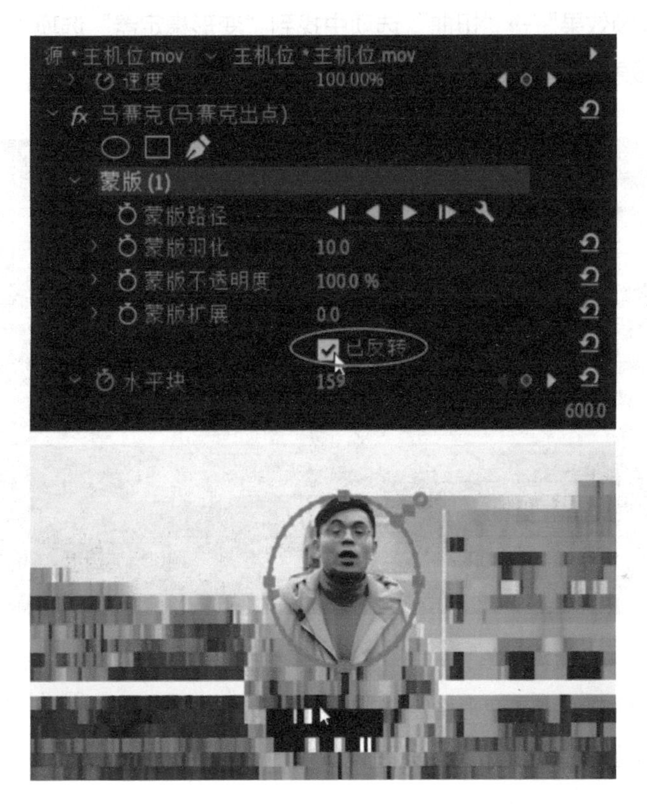

图3-70

3.13 抖动的短视频画面如何在后期做稳定处理

在前期硬件设备条件不足的情况下，手持拍摄视频常常会导致拍摄出来的视频抖动不堪，以致后期剪辑中通常会舍弃此类视频。但有时在素材不够的情形下，只好采用这类较为抖动的素材，这时如何减轻素材画面抖动就成了一个难题。

在Pr中有一个效果叫作“变形稳定器”，运用该效果可以在很大程度上减轻画面素材的抖动。下面将介绍如何利用“变形稳定器”效果对抖动的画面在后期做稳定处理。

（1）在“视频效果”→“扭曲”选项中找到“变形稳定器”选项（见图3-71），或者直接在“效果”搜索栏中输入“变形稳定器”。

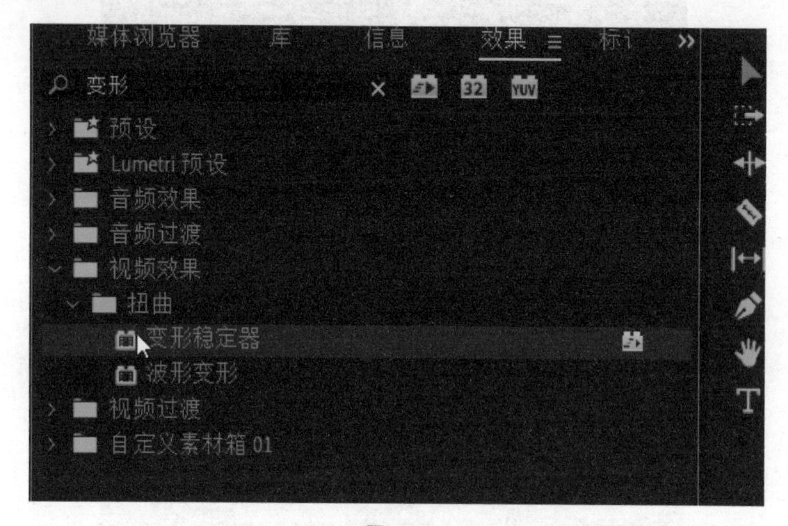

图3-71

（2）按住鼠标左键将“变形稳定器”效果拖曳到时间轴的素材中，等待其自动解析完毕，即可完成抖动画面的稳定效果（见图3-72）。

图3-72

注意： 并不是所有的素材都能添加“变形稳定器”效果来做后期稳定处理的。在给素材添加“变形稳定器”进行后期稳定处理的时候，会对画面进行放大裁剪，这就是为添加稳定效果付出的代价，并且如果画面过于抖动，添加“变形稳定器”效果会使画面空间扭曲，变得非常奇怪。因此，在前期拍摄的时候应该注意画面的稳定，后期的调整只是无奈之举。

当我们对素材进行过加速或慢放处理后，不能再对该素材添加“变形稳定器”效果。这种情况下可以通过如下方案解决：

- 在时间轴中选择需要添加该效果的素材后单击鼠标右键，在弹出的快捷菜单中选择“嵌套”选项，即可给嵌套的素材添加变形稳定器效果。
- 先将需要添加该效果的素材导出，再导入Pr中作为新素材添加该效果。

3.14 调整音量的两种方法

在进行视频剪辑时，我们有时会遇到音频音量过大或过小、视频素材与所配音频音量不一致的情况，如何解决呢？这就需要我们对音频的音量进行调整，下面将介绍调整音量的两种方法。

方法一：调节音量级别

在时间轴中双击鼠标选中需要调整的素材，在“效果控件”中找到“音量”选项，调整“级别”右方的蓝色数值。正值为调高音量，负值为调低音量（见图3-73）。或者鼠标双击时间轴左边的音频轨道“A1”空白处进行放大，此时素材中会出现一条白线。将鼠标光标放在白线上并按住鼠标左键向上或向下拖动，可放大或缩小音量（见图3-74）。

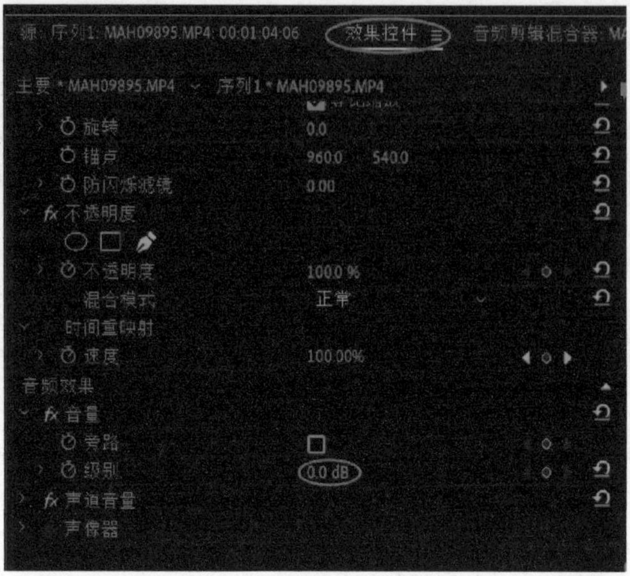

图3-73

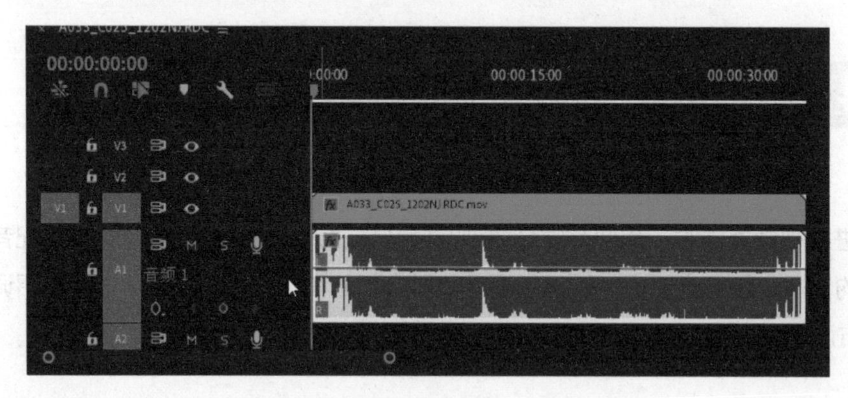

图3-74

方法二：调节音频增益

用鼠标右键单击时间轴中的音频素材，在弹出的快捷菜单中选择“音频增益”选项，在“调整增益值”中输入需要增加的音量，输入负数则为削弱音量。

需要注意的是，“调整增益值”是额外调整增益，若原素材已经增益5dB的音量，此时再次在“调整增益值”中输入“5”，则原素材音量为增益10dB。若选择“将增益设置为”

选项（见图3-75），则输入多少数值，原素材的音量就改为多少数值。

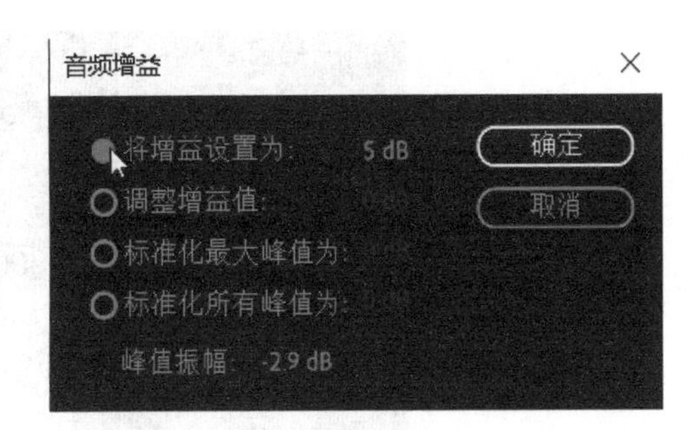

图3-75

在以上两种方法中，方法一不会改变音频的波形，方法二会改变音频的波形（见图3-76）。

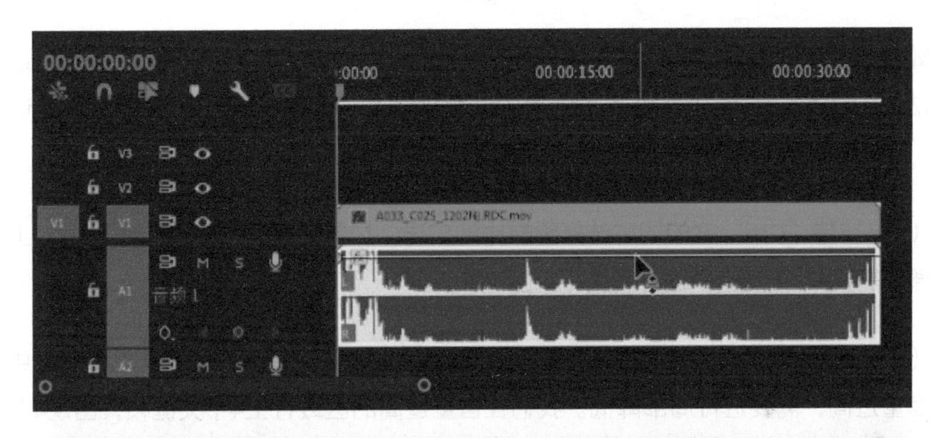

图3-76

我们可以根据示波器来判断声音的大小是否合适。当示波器的顶部出现红色时，则代表声音音量过大；全部为绿色则代表声音音量较小；出现黄色则代表声音音量合适（见图3-77）。

图3-77

如果想改变素材中某一部分的音量，可以先将其裁剪成独立的音频段，再用以上两种方法进行调整；或者在整段音频使用关键帧来调节，下面介绍使用关键帧快速调节的方法。

（1）按住“Ctrl”键的同时选择素材中的白线，在需要调整音量的位置快速打上关键帧。通常需要4个关键帧来进行调整（见图3-78）。

（2）当我们将白线往上拉时，整段音频音量提高，这时音频轨道（见图3-78）中间的部分音量过高，需要进行局部降低。我们在音量过高的区域打上4个关键帧，出现4个代表关键帧的“白点”。向下拖动中间两个关键帧，降低白线位置，即可降低音量。将鼠标光标放在白点上，鼠标指针出现如图3-78所示的图标后，按住鼠标左键拖动，即可调整关键帧的位置。在素材中，白线所在位置越高，代表音量越高。将白线调整到合适位置，再听素材声音来判断是否合适。

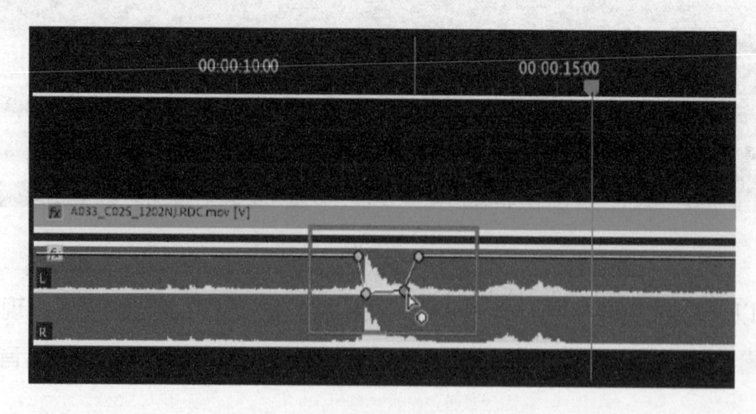

图3-78

3.15 为短视频的声音降噪

在室外拍摄视频时，所处环境通常都较嘈杂，收录的音频也会出现很多杂音，这时就需要对音频进行降噪处理。

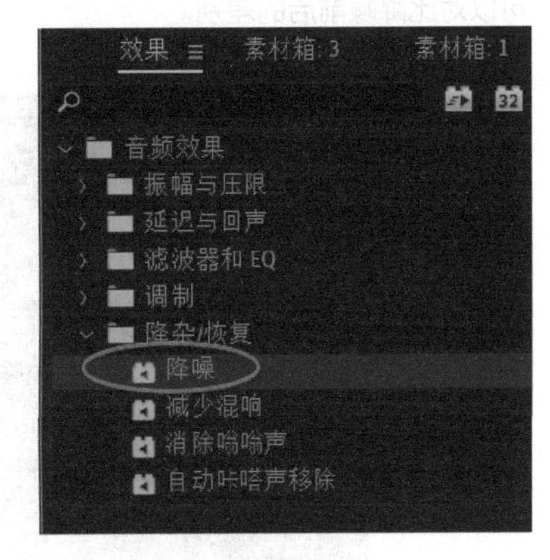

图3-79

（1）在“音频效果”→“降杂/恢复”中找到“降噪”效果（见图3-79），将“降噪”效果拖曳到时间轴中的音频素材上。

（2）一般情况下，如果噪声较少，只需要上述操作就可以完成降噪操作。如果噪声太大，则需要进一步进行降噪处理。我们可以选择调节降噪的程度，让它取一个合适的值。

（3）为素材添加“降噪”效果后，在“效果控件”窗口中找到“降噪”效果，选择“编辑”进入调节界面（见图3-80）。

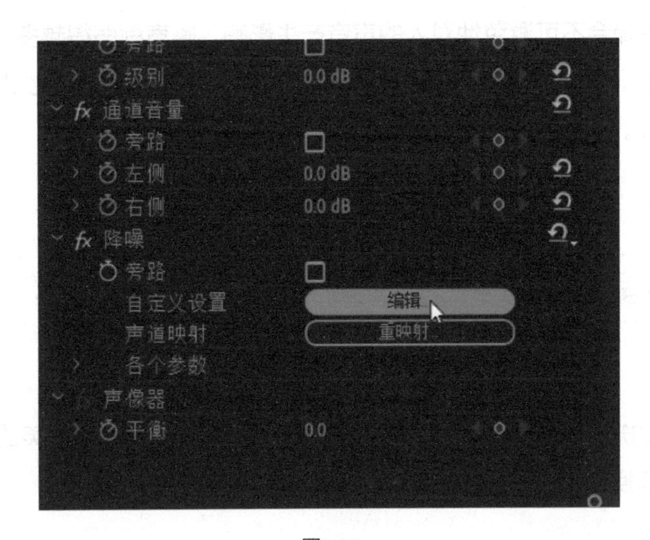

图3-80

（4）在“预设”下拉菜单中选择“弱降噪”或“强降噪”（见图3-81），可以切换降噪的强度。调整最下方的“数量”数值，可以自定义降噪效果的强度。“数量”数值越大，表示降噪效果越强。选择“预设”左边的按钮，可关闭/打开降噪效果，通过这个功能可以对比降噪前后的差别。

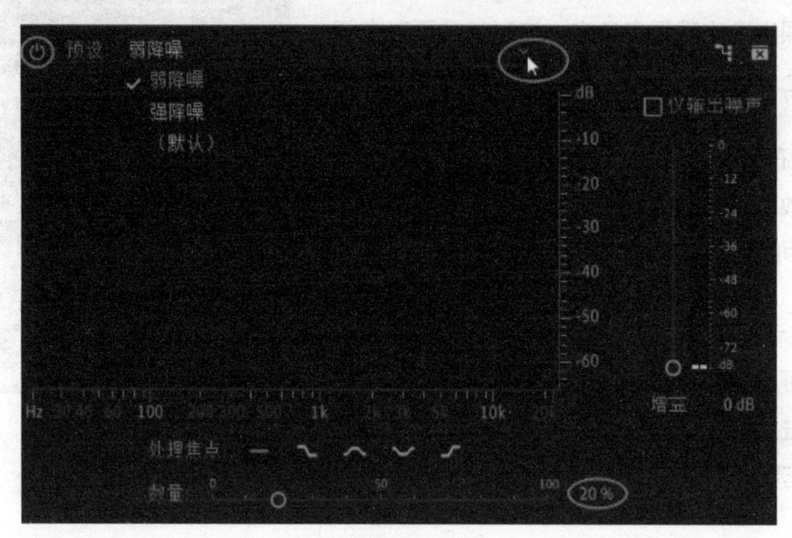

图3-81

需要特别注意的是，因为在录制视频时人物的声音和噪声是在同一个音轨里的，所以使用Pr软件进行降噪会不可避免地对人的声音产生影响。噪声削弱得越多，人的声音受到的影响也越大。因此，在进行前期录制时，我们应尽量创造一个良好的收声环境，后期降噪只是一个辅助手段。

3.16 抖音短视频综艺效果——男声变女声

在一些搞笑的短视频中，常常会使声音效果发生变化，以达到搞笑的效果。本节将学习如何使用“音高换档器”来快捷地制作男声变女声的效果。

（1）在“效果”中搜索“音高换档器”（见图3-82），按住鼠标左键将其拖入时间轴中的音频素材上。

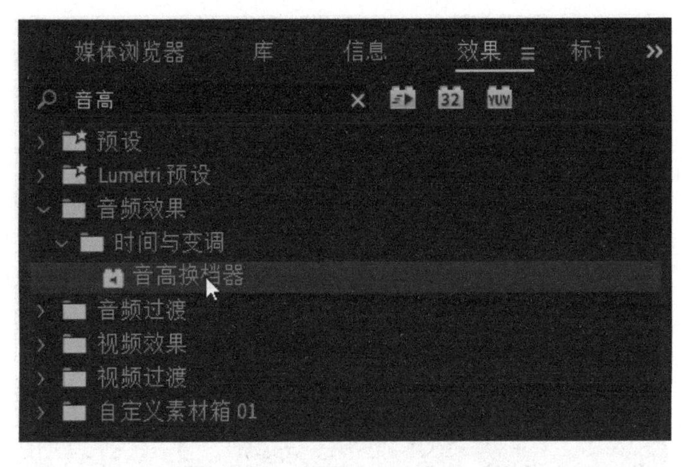

图3-82

（2）在“效果控件”窗口中找到“音高换档器”，选择“自定义设置”→“编辑”（见图3-83）。

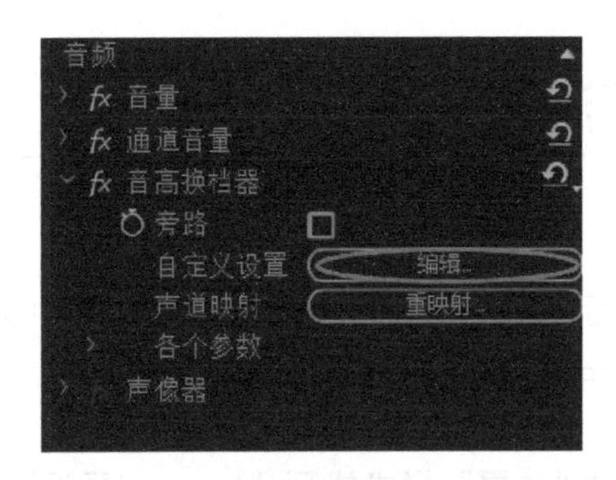

图3-83

（3）在“变调”中移动“半音阶”和“音分”上的调节杆或调整右边的数值可自定义声音的变调效果。向左移动调节杆，数值变小，音调降低；向右调节则数值变大，音调提高。展开“预设”下拉框可以选使用pr内置的预设变调效果（见图3-84）。如果选择的是男声音频素材，将“半音阶”的调节杆向右拖动可提高音调，变成像女声的尖细声音。

（4）调节音调对音频的质量会有影响，并且会产生杂音。在“精度”栏中选择“高精度”，可在一定程度上优化变调后的音频品质（见图3-84）。

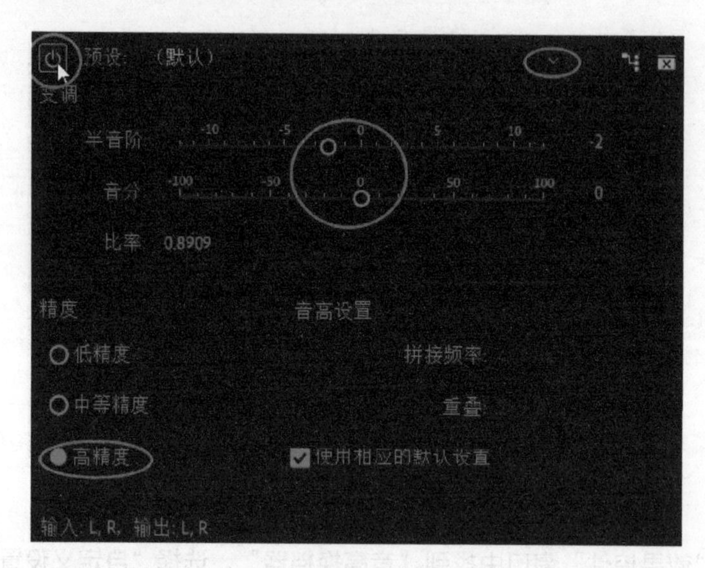

图3-84

3.17 为短视频添加滤镜调色

在完成视频的剪辑之后，需要对画面进行调色。Pr软件中支持使用调色预设快速为视频调色。本节将学习Pr软件中Lumetri调色预设的使用方法。

（1）在软件左下方的“效果”栏中找到“Lumetri预设”（见图3-85），其中包括“Filmstocks”“影片”“SpeedLooks”“单色”“技术”五个文件夹，这些文件夹里都是Pr软件的调色预设选项，选择任意一个调色预设选项并拖动到时间轴的影像素材上，即可查看调色效果。

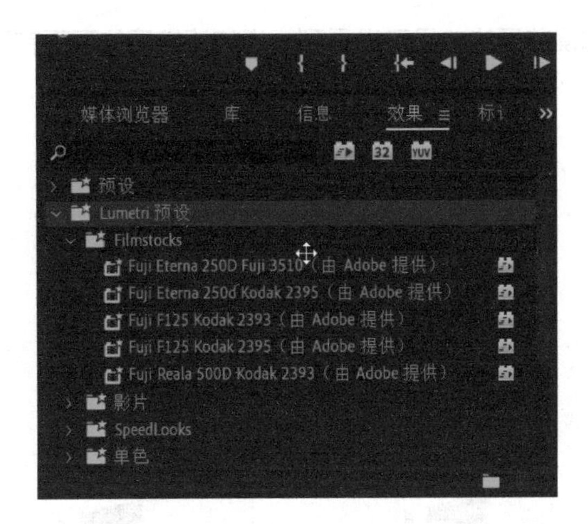

图3-85

（2）需要注意的是，在调色的时候不要随便乱套调色预设，这样很容易让人在调色时产生视觉疲劳。正确的做法应该是先对画面进行分析，找出当前画面的问题。例如，发现图3-86中的画面明显偏灰，色彩饱和度偏低。那么在调色的时候就需要让它们的对比更强一些，饱和度更高一些，同时，考虑到这是一个海边场景，我们可以让画面的颜色清新一些。因此，在寻找滤镜的时候可以去寻找偏向青色的调色预设。

（3）选择“Universal”文件夹中名为“SL清楚出拳HDR”的调色预设，这个调色效果偏向青色，添加在灰色的素材上能产生清新的色彩风格（见图3-87）。

图3-86

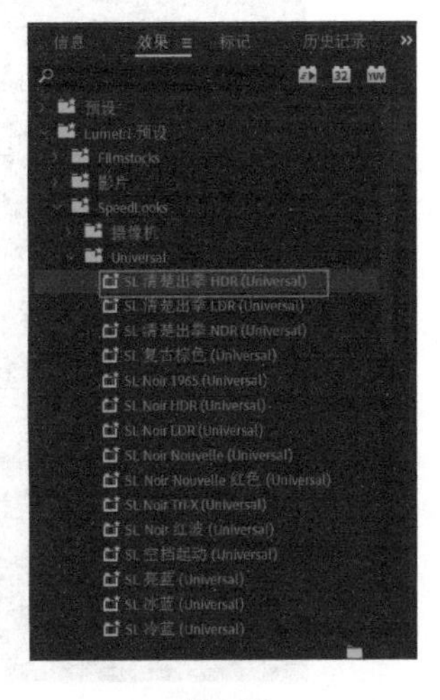

图3-87

（4）对比添加滤镜前后的效果可以看到，添加滤镜后的画面有了明显的青色风格（见图3-88右图）。

图3-88

（5）如果觉得一个调色预设效果太强，有些夸张，可以调节其强度。在时间轴中选中添加了调色预设的素材，在软件右上方的“效果控件”中的“Lumetri颜色”一栏中，调节“创意”栏中的“强度”选项。强度的数值越大，代表预设的效果越强（见图3-89）。

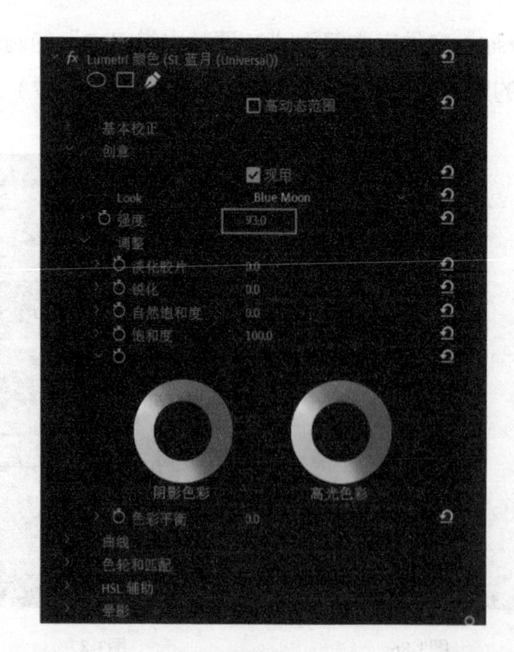

图3-89

（6）单击“Lumetri颜色”左边的“fx图标”，可取消调色效果。通过“fx图标”可以对比素材调色前与调色后的效果。单击“Lumetri颜色”最右边的“重置效果”图标，则会清除包括调色预设效果在内的所有色彩调整，让素材回到未调色的状态（见图3-90）。

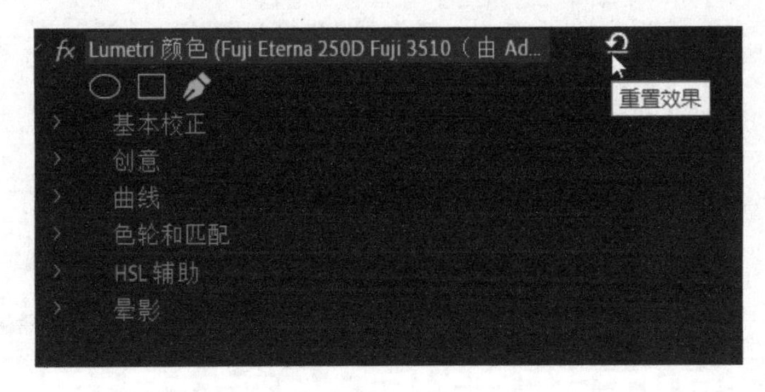

图3-90

为了方便掌控，我们通常只会给素材添加一个“Lumetri颜色”的预设效果。叠加使用预设会让颜色显得脏乱。

第4章

剪辑师要掌握的剪辑理论

在前面的章节中，我们已经学习了在Pr软件中如何对视频进行剪辑。但是当我们学完一个软件后经常会面临一个问题：操作技术都知道，但是真的要上手剪辑一个较为复杂的项目时，脑子里又往往没有思路。出现这种问题的原因是剪辑理论的缺乏。

如果我们将剪辑软件看作是画笔，那么剪辑理论就是我们绘画的思路。工具的掌握是创作的基础，但是当我们初步掌握了工具的使用方法后，就一定不能忽视理论的积累。

影像剪辑艺术经过一百多年的发展，已经积淀了大量的理论经验。本章将带领大家推开这扇大门，共同学习剪辑师需要掌握的剪辑理论，包括蒙太奇理论、180° 轴线法则、内反拍与外反拍、拍摄角度的30° 法则等。通过学习本章内容，我们会更明白一个好的视频剪辑需要具备哪些知识和技能。如果你一直找不到评判剪辑好坏的标准，或者觉得自己的剪辑总有一些问题，那么在学完本章的剪辑理论后，相信一切都将得到改变。

4.1 蒙太奇理论与应用

蒙太奇原为建筑学术语，意为构成、装配，它被引用到电影理论中指的是“镜头之间的连接”。1923年，谢尔盖·爱森斯坦在杂志《左翼文艺战线》上发表《杂耍蒙太奇》一文，将蒙太奇作为一种特殊手法引入戏剧中，后又延伸到其电影创作实践中，开创了电影蒙太奇理论与苏联蒙太奇学派。蒙太奇的手法通过镜头、场面、段落的分切与组接，对素材进行选择和取舍，以使表现的内容主次分明，达到高度的概括和集中。当不同的镜头组接在一起时，往往会产生各个镜头单独存在时所不具有的含义。例如，在电影《摩登时代》中，卓别林把工人拥挤着进工厂的镜头（见图4-1）与被驱赶的羊群的镜头衔接在一起（见图4-2），表达出工人就像羊一样，被人主宰。普多夫金也曾在影片《母亲》中把春天冰河融化的镜头与工人示威的镜头衔接在一起，暗示解放和希望。

图4-1

图4-2

谢尔盖·爱森斯坦认为，将对立的镜头衔接在一起时，其效果不是两数之和，而是两数之积。凭借蒙太奇的作用，电影享有时空的极大自由，甚至可以构成与实际生活中的时间或空间不一致的电影时间或电影空间。蒙太奇可以产生演员动作和摄影机动作之外的第三种动作，从而影响影片的节奏。早在电影问世不久，美国导演格里菲斯就注意到了电影蒙太奇的作用。后来苏联导演库里肖夫、谢尔盖・爱森斯坦和普多夫金等相继探讨并总结了蒙太奇的规律与理论，形成了蒙太奇学派，他们的有关著作对电影创作产生了深远的影响。

20世纪20年代，谢尔盖・爱森斯坦为了向苏联以外的人介绍蒙太奇理论，借用了法语“Montage”一词，并引申到英语中。20世纪30年代初，中国电影人从英文电影理论中认识到了蒙太奇理论，最初曾根据法语旧意尝试将其翻译为“织接”等意，后发现“旧词被赋予了新意”，便保留英语音译，创造了“蒙太奇”这个新名词。在具体应用时，我们可以将蒙太奇的表现手法分为三类，即叙事蒙太奇、表现蒙太奇、理性蒙太奇。

1. 叙事蒙太奇

这类蒙太奇以讲清故事情节为目的，为叙事服务。叙事蒙太奇最重要的是引导观众理解故事。根据引导观众的方法不同，叙事蒙太奇又可以划分出平行蒙太奇和交叉蒙太奇两种主要方式。

平行蒙太奇指的是两条或者两条以上的事件线索并行，这两条事件线索在这个段落里是不相交的。比如在电影《复仇者联盟4》中，就大量运用了平行蒙太奇来讲述不同的复仇者小分队分头寻找宝石的故事。各个小分队的故事不交叉，也不重叠，在这样的多线平行叙事中，我们得以看到不同时空中寻找宝石的不同故事，并且这些故事线一直没有汇聚到一点，直到最后才酝酿出了一场大决战。

交叉蒙太奇同样指的是两条或者两条以上的线索在交替并行，但是区别于平行蒙太奇的是，它的交替速度比平行蒙太奇更快，在一个段落内很快就会相交。交叉蒙太奇的典型特点可以体现为“最后一分钟营救”，在经典电影《一个国家的诞生》中，率先使用了这种“最后一分钟营救”式的手法。在这部电影中，一条剪辑线是木屋中的人与暴动的黑人交战，另一条线是3K党骑兵部队前去救援被困小屋中的人（见图4-3）。

图4-3

“最后一分钟营救”的方法在影视作品中非常常见。在《西游记》里，唐僧总是要被下锅前才被救出来；而好莱坞电影里的超级英雄总是在最后一刻才能够战胜敌人。剪辑方式虽然老套，但是观众已经习惯了这种方式。除了平行蒙太奇和交叉蒙太奇，叙事蒙太奇中还包含其他的蒙太奇方式，如重复蒙太奇。这种蒙太奇方式相当于文学中的重复手法。在重复蒙太奇方式中，一些具有寓意的镜头在关键时刻会反复出现，以达到一种深化主题的作用，比如在《战舰波将金号》中的夹鼻眼镜和那面象征革命的红旗都在影片中反复出现（见图4-4）。

图4-4

最后我们可能还有一个疑问，如果影片中的叙事既不平行、不交叉，也不重复，但是它确实在用剪辑讲故事，这是蒙太奇手法吗？当然是，我们把这种平平无奇地连接镜头的蒙太奇方式叫作连续蒙太奇。连续蒙太奇是为叙事的连续性服务的，它可能看起来并不那么花哨与显眼，但它确实是讲故事的一个基础手段。

2. 表现蒙太奇

前面介绍了叙事蒙太奇，我们可以把叙事蒙太奇当作讲故事的一种手段，下面要分析另一类蒙太奇：表现蒙太奇。它的作用主要是通过镜头的组接来表达一种状态或者说一种情绪，而不是连接故事情节。表现蒙太奇是一类蒙太奇的统称。具体地说，可以把表现蒙太奇分为三类，即心理蒙太奇、对比蒙太奇、隐喻蒙太奇。

（1）心理蒙太奇：心理蒙太奇是指展现人物的回忆、幻想、梦境等内心活动的一种蒙太奇表现手法。比如在电影《阳光姐妹淘》中，涉及多次将过去的回忆（见图4-5）和当下的状况组接的手法（见图4-6），以展现人物回忆，这是典型的心理蒙太奇方式。

图4-5

图4-6

在情景喜剧《爱情公寓》中，经常可以看到人物突然进入一个虚拟的自我精神空间对着观众说话。这里用的也是心理蒙太奇的方式，看似在对着观众说话，实际是在展现人物的内心活动。

（2）对比蒙太奇：对比蒙太奇是将两个反差较大的画面组接在一起，进行一种类比和比较，类似于文学中的对比手法。对比蒙太奇经常会把大与小、动与静、贫穷与富有、生与死等组接在一起。在电影《肖申克的救赎》的开头部分，导演运用了平行蒙太奇的手法，一边表现安迪的妻子与人约会的热烈气氛（见图4-7），另一边，在平行的另外一个空间里，安迪在无精打采地喝着闷酒（见图4-8）。这是一组平行蒙太奇的镜头，但同时也是一组对比蒙太奇，约会的热烈场景与苦闷心理形成鲜明对比，在这样的对比下，更加凸显了安迪的苦闷境况。

图4-7

图4-8

（3）隐喻蒙太奇：隐喻蒙太奇是表现蒙太奇中相对重要的一种，它指的是用一类事物去类比另一类事物，使得观众通过联想来感受两者的相似性，最终表达一种观点。在经典电影《大内密探零零发》中把人的头部被攻击和西瓜被弄碎的镜头接在一起，将本来很悲惨血腥的事件变得戏剧化了。

相信大家对表现蒙太奇中的心理蒙太奇、对比蒙太奇和隐喻蒙太奇并不陌生，在文学作品中就有大量这样的手法。例如，“朱门酒肉臭，路有冻死骨”诗句，如果拍摄成影视画面组接在一起，就是对比蒙太奇手法的运用。把贵族生活的豪华奢靡和普通百姓的无路求生进行对比，来反映当时社会阶级的分化。再如，夸一位女性美丽，我们可能会说沉鱼落雁、闭月羞花。如果将这种文学修辞影视化，那就是把美女对着水面梳妆的镜头和鱼沉下去的镜头剪辑在一起，鱼沉下去的隐喻就是这位女性很美丽，这种镜头的组接方式其实就是隐喻蒙太奇。

3. 理性蒙太奇

前面学习了用于讲故事的叙事蒙太奇和用于表达情感的表现蒙太奇，下面介绍第三种蒙太奇方式——理性蒙太奇。和表现蒙太奇一样，理性蒙太奇同样起到表意的作用。这类蒙太奇方式起源于苏联的蒙太奇学派，与电影大师爱森斯坦密切相关。理性蒙太奇主要通过镜头的组接产生冲击，让观众从视觉的浅层刺激上升到一种理性思考。

理性蒙太奇最大的特点是镜头组接随意，镜头内部表达的内容可以和剧情本身无关，是一种极为主观的创作手法。理性蒙太奇中最具代表性的是杂耍蒙太奇。杂耍蒙太奇又被称为吸引力蒙太奇。在爱森斯坦的作品中非常常见，比如《罢工》《十月》《战舰波将金号》等。杂耍蒙太奇通常会以极快的速度进行组接，通过不断堆积元素来形成冲击力和吸引力。典型的是在影片《十月》中，导演在一个男人的镜头之后（见图4-9）接上了一只机械孔雀正在开屏的镜头（见图4-10）。这只孔雀之前并没有出现过，这个段落反复在男人与孔雀之间来回切换，其实就是想表现这个男人孔雀开屏自作多情、高傲自大的心理，这个凭空出现的孔雀就属于典型的杂耍蒙太奇方式的运用。

图4-9

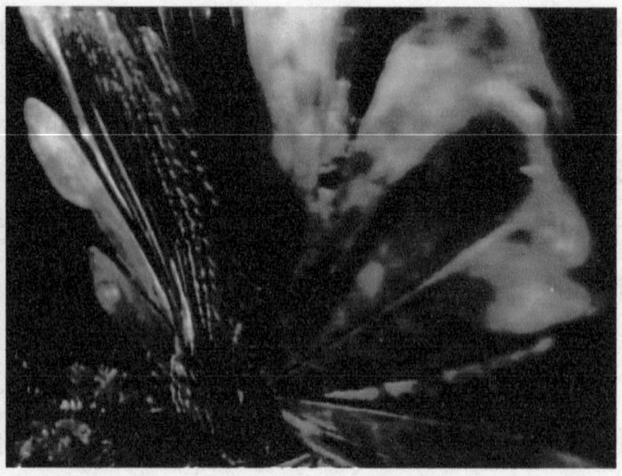

图4-10

同样可以看作是杂耍蒙太奇方式运用的还有电影《超体》中的一组镜头，由斯嘉丽扮演的主角Lucy陷入了被黑帮合围的危险中，情况十分危急。在这段戏中，导演通过捕猎的豹子和被捕获的羚羊来揭示这段围捕的野蛮残暴及二者之间的强弱对比（见图4-11）。因为这里的豹子和羚羊是凭空出现的，之前并没有做过交代，所以可以把它归类到理性蒙太奇方式中。

图4-11

图4-11（续）

隐喻蒙太奇和杂耍蒙太奇最大的差别在于组接的画面安插在叙事中是否合理。由于杂耍蒙太奇的手法表达过于私人化和主观化，所以很大程度上挑战了观众的观影习惯，如果使用得不够巧妙，会让观众感觉到莫名其妙、难以理解。因此，在使用杂耍蒙太奇方式前要多加思考，避免影片最后成为拍摄者的自说自话。

4.2 银幕方向与180° 轴线

生活中，我们靠各种标识来辨别东南西北。那么在银幕中，怎样为观众建立方向感呢？这就需要剪辑师在剪辑过程中拥有银幕方向感。可以看到，在图4-12所示的电影画面中，其银幕方向明确、清晰。例如，人物的左右位置要一直保持不变，就算是切换成了更小的景别，左边的人物始终还是在画面的左边，右边的人物始终在画面的右边，这样才不会让观众产生银幕方向错乱的感觉。

在剪辑过程中，我们要在影片空间中明确人物的关系，就需要注意影片的轴线。因为影片中的空间实际上就是通过轴线来确定的。

图4-12

什么叫作轴线呢？我们可以先设想一下这样一个场景：如果要拍摄两个人一边吃晚饭，一边对话的镜头，应该怎么安排呢？A与B两人对坐吃饭，相机开始处于他们中间的位置，拍摄了一组人物关系镜头，两个人都出现在了画面里（见图4-13），此时的机位位于两个人物的中间（见图4-14）。第二个镜头拍摄的机位是从男士A的正面拍（见图4-15），此时拍到的是男士A说话的画面。第三个镜头拍摄的机位是从女士B的正面拍（见图4-16），此时拍到的是女士B说话的画面。三个镜头如果组接在一起，就是一个对话场景。我们可以发现，这三个镜头都是在半圆180° 范围之内的，摄影机始终都没有越过两人之间的这条关系线，这条线就是拍摄的轴线。

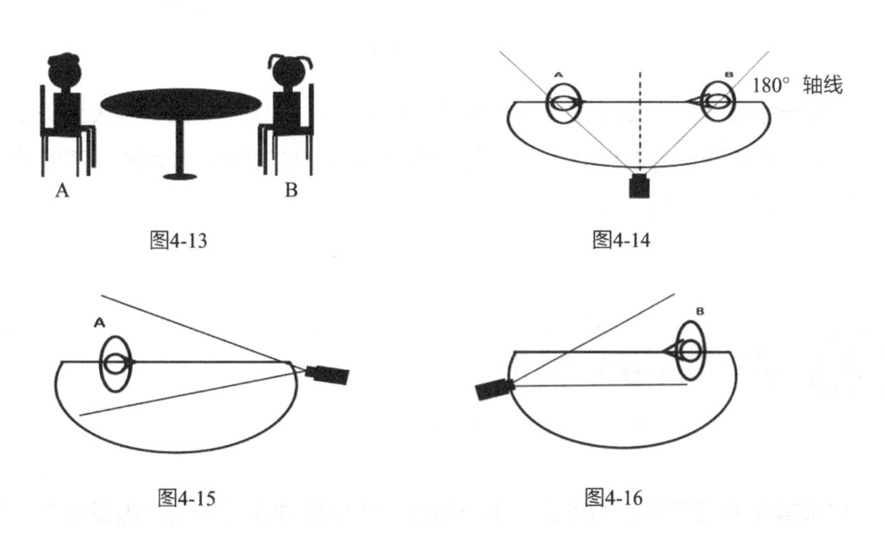

图4-13　　图4-14

图4-15　　图4-16

如果越过轴线会有什么效果呢？我们来看一看，第一个镜头中男士在画面的左边（见图4-17）。第二个镜头中，女士与男士的方向一致，也在左边说话（见图4-18）。这样两个镜头接起来就难以分辨他们的方位，好像都在同一方位，我们很难想象这是一个对话场景。那么这两个镜头分别都是什么机位拍摄的呢？我们来看一下它们的机位（见图4-19），第二个机位的摄影机越过了180° 线，与第一个镜头不在一个范围内，所以看起来有些跳跃，产生了方向错乱感。我们将这种现象称为越轴。

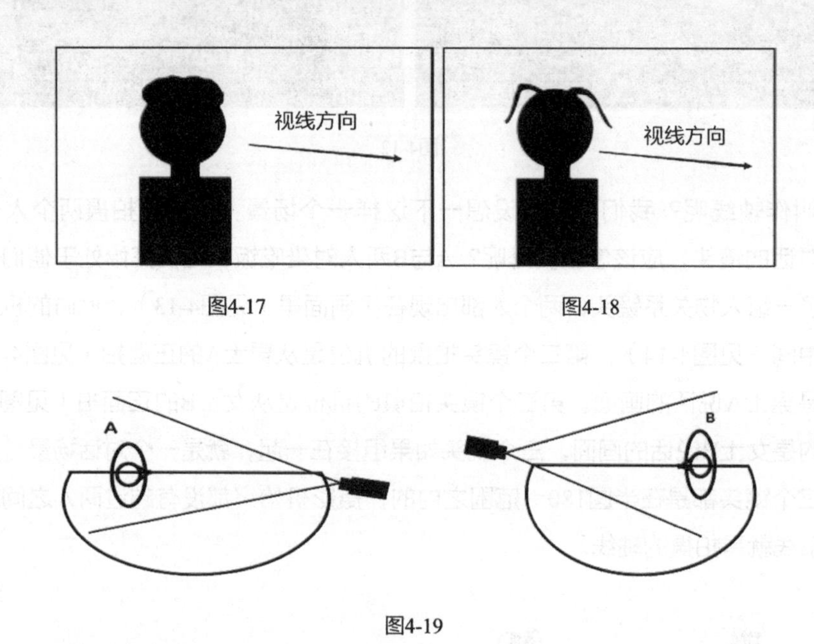

图4-17　图4-18

图4-19

在拍一组画面时，我们的机位一般来说要在180° 范围内，当轴线关系确定后，在拍摄的过程中，不能从一侧拍到另一侧，否则便会越轴。越轴镜头因为破坏了银幕方向，会让观众产生一种迷惑、错乱感。

4.3 内反拍与外反拍

4.2节简单介绍了轴线的概念，本节具体介绍根据轴线衍生出的内反拍与外反拍两种方式。如图4-20所示，绿色代表外反拍，洋红色代表内反拍。内反拍在位置上处于两个人物内侧，而外反拍则处于两个人物外侧，从下面的机位图（见图4-20）可以看到，用内反拍2拍摄人物1时，画面中就只有人物1，没有人物2，这就是内反拍镜头的特点。外反拍镜头与内反拍镜头不同的是，外反拍会让两个人物同时出现在画面中，使用机位C拍摄人物2时，能够在视角中拍到人物1的肩膀或者袖子等。内反拍画面可以让观众更加专注于某个人物的表演，而外反拍画面因为拍到了另一个人物的背面或侧面，会更加突出人物间的关系。一般情况下，只要位于180° 轴线同一侧的内外反拍镜头，都可以进行自由组接，不会产生空间跳跃感。

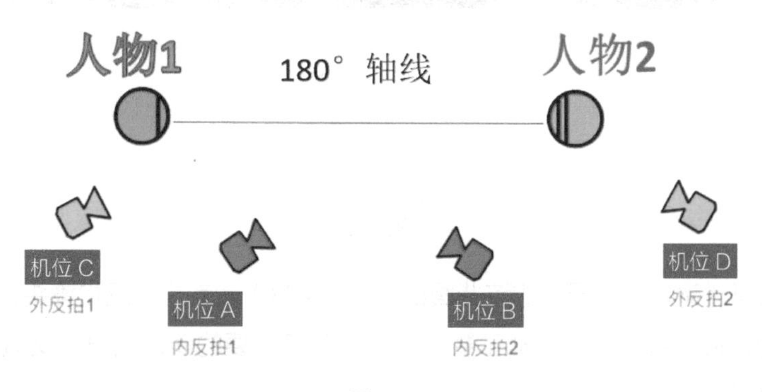

图4-20

下面用实拍案例来讲解，图4-21左侧画面是一个关系镜头，摄影机1先从中间拍摄两个人物。中间画面中，摄影机从右边拍摄左边人物1，此时看不见右边人物2在场景中。右侧画面中，摄影机从左侧拍摄右边人物，人物1就没有再出现。人物前面留有足够的空间，这样的对话场景是以关系镜头和内反拍来组接的（见图4-21）。

图4-21

如果这里使用外反拍镜头和关系镜头组接，会是什么效果呢？第一个镜头依旧在中间，这是一个关系镜头，体现出两个人物的站位关系；第二、三个镜头则是从人物后方拍摄的，画面中有两个人物，可以更好地体现对话中两个人物的交流（见图4-22）。

图4-22

再来看电影《泰坦尼克号》的这些画面（见图4-23），都是外反拍镜头，可以突出露丝和杰克之间的对话关系。中间穿插了特写，既展示了必要的谈话信息，又调节了画面，让画面不会太单调。

图4-23

图4-23（续）

4.4 技术越轴和艺术越轴

轴线能帮助我们确定影像空间的方向，如果生硬地跨越轴线（下文简称越轴），就会产生空间错乱的感觉。但这并不代表轴线是不可跨越的。下面介绍如何跨越轴线。

越轴的方式有两种：一种是通过特殊的技术手段实现越轴，另一种是根据艺术需要进行强行越轴。

1. 技术越轴

所谓技术越轴，其实就是障眼法，用特写或者空镜头来淡化影视空间位置，让观者忽略人物的站位，这样轴线就可以轻松越过。

技术越轴的第一种方法：通过场景和景别的变化，暗示观众已经过去了一段时间，让观众进行心理补偿，以此越轴。如图4-24所示，在《泰坦尼克号》的这组镜头里，摄影机开始从人物背后拍摄，表面轴线是在两个人的背面，栏杆内侧。

图4-24

紧接着下一个镜头（见图4-25），虽然是运动的，但依旧没有越过这条轴线。

图4-25

在接下来的人物对话场景（见图4-26、图4-27）中，摄影机一直在船的栏杆内侧拍摄，始终没有越过这条轴线。

图4-26

图4-27

接着杰克拉着露丝离开，走了一段距离，中间走的这段距离被省略了。镜头运动后，在下一个镜头（见图4-28）里，两个人便站在栏杆边。从上一个地方到栏杆边是有一段距离的，这里使用将两个镜头组接的手法省略了这段距离。我们可以注意到，之前镜头中的近景已经切换到了这里的全景，而且轴线已经发生了跳跃。因为之前的场景摄影机是在船栏杆的内侧拍的，而到了这个场景中，摄影机在船栏杆的外侧。这种越轴的方式对观众来说是可以接受的，因为中间省略了一段人物走位，所以有跳跃感也理所当然，而且后面一段越轴镜头的景别较大，与前面的近景衔接使画面有足够的信息变化，也能减轻越轴带来的心理不适。这就是通过硬切配合景别变化的技巧，省略了一段时间来越过这条轴线。

图4-28

技术越轴的第二种方法：在越轴的两个镜头之间加入空镜头或特写镜头。如果拍摄时没有这种大幅度的运动，则可以利用空镜头或者特写镜头来越轴。使用空镜头或者特写来越轴的原理是因为空镜头或者特写镜头没有明确的银幕方向，在越轴画面中夹一个全景或者特写，观众就会忽略原来人物在画面中的方位，以此来越过轴线。我们来看一组实际拍摄的镜头。

在如图4-29所示的拍摄案例中，甲站在原定位置，正把东西送给乙。这里的镜头越过了人物甲的肩膀，以人物乙为主体进行拍摄，是一个典型的过肩镜头。

图4-29

下面一个镜头（见图4-30）是人物甲的一个近景镜头，这里和上一个镜头的轴线是一致的，并没有越过轴线。

图4-30

下一个镜头（见图4-31）是对玩具的一个特写镜头。为什么要特写呢？是因为想借这个特写来实现越轴效果。镜头是特写，观众会忽略之前镜头的影视空间方向，那么我们可以在这个特写镜头之后进行越轴。

图4-31

接下来的镜头中（见图4-32），人物甲看着人物乙。此时甲由原本处于画面的右边换到了左边，这样就可以通过一个特写镜头越过轴线。

图4-32

用全景镜头来越轴也是同样的道理，这里不再介绍。

2. 艺术越轴

前面介绍的是从技术上越轴的手段，但有些时候，越过轴线不一定需要使用技巧过渡，在剪辑中也可根据作品的艺术需要来决定是否需要越轴。艺术越轴的方法大多是强行越轴，并没有加特写、远景或者空景来过渡，追求在轴线跳跃的过程中产生的影视空间混乱的艺术效果。如在电影《阳光姐妹淘》的一个镜头（见图4-33）中，少女时期的主人公走进了旁边的门，过门以后变成中年时期的自己（见图4-34）。这里使用了一个巧妙的转场方式，即用了人物同一个进门动作来连接过去和现在的时空，同时也确定了人物的拍摄轴线。

图4-33

图4-34

在接下来的镜头（见图4-35）中，老师一开始在右边，接着在下一个镜头中，老师的位置又换到了画面的左边（见图4-36），这明显是一个越轴的镜头连接。这里的越轴没有任何过渡和铺垫，那么为什么剪辑师要这样做呢？原因是在图4-35的镜头中，老师刚看见娜美，并且一时没有认出来，而在图4-36所示的镜头中，两个人应该已经说了一些话，这中间省略了相认的一些剧情时间，这些时间被剪辑师省略了。越轴让观者感受到了跳跃，省略了两个人相认的片段，直接切到两个人拉家常的画面，这就是用越轴来表现时间流逝的艺术手法。

图4-35

图4-36

再如，在《泰坦尼克号》露丝和母亲的对话片段（见图4-37）中，开始时露丝在画面右边，轴线在母亲正前方。下一个镜头（见图4-38）越轴，露丝在画面的左边，剪辑师用越轴来表现当母亲不允许露丝吸烟后，露丝产生的那种咯噔一下的空间跳跃感，观者可以感受到露丝心里不愉快。

图4-37

图4-38

因为越轴会让观者有一种跳跃、不舒服的感觉，再结合影片中露丝心里本来就不舒服的情节，可以加强导演想表达露丝此时的心里非常不快的想法，这种手法在众多电影中都有所运用。

需要注意的是，日本的电影经常没有轴线的概念。在拍摄对话的场景中，日本影片经常会出现越轴，这种越轴并非为了跳跃时间或者表现不安等想法，也不是为了让观者感受到不安的心理，就是直接进行越轴。这种越轴经常没有特别的理由，因为日本影片不太讲究轴线的概念。如在《你的名字》片段（见图4-39）里，一开始，姥姥在画面的右边，三叶在画面的左边。而在下一个镜头（见图4-40）中，三叶却坐在了画面的右边，这明显是一个越轴表现。

图4-39

图4-40

可是这样的越轴并没有让观众看起来有太多不适感，原因在于日本的电影虽然淡化了轴线概念，但是在越轴时前后镜头的景别变化通常会比较大，比如图4-39的镜头是一个远景，图4-40变成了近景，这样画面会有足够多的新信息吸引观众的注意力。同时远景中人物比较小，也容易让观众淡化对人物空间位置的记忆，因此这样减少了越轴所带来的突兀感。

4.5 镜头的 30° 法则与跳切

通过前面180° 轴线法则的学习，我们知道了拍摄时如果直接越过轴线，会产生影像空间错乱的感觉。本节将接着4.2节的内容，为大家讲解镜头的30° 法则。

1. 30° 法则

所谓30° 法则，就是要求摄影师在拍摄时，沿着180° 的弧度将摄影机至少移动30° ，让前后两个镜头之间的夹角大于30° 。如果小于30° ，那么这两个镜头剪辑后看起来会非常相似，从而产生跳跃的感觉。

如图4-41所示，我们可以设想将两个人物头像相连时，会产生一条虚拟的轴线。在这条轴线的一侧分别有镜头1、2、3、4、5、6。假设镜头1与镜头 4是可以衔接的，夹角大于30° ；镜头1和镜头2也是可以衔接的，夹角大于30° ，如果镜头1与镜头6衔接，观众会觉得镜头1和镜头6类似，从而会产生一种跳跃、不舒服的感觉。

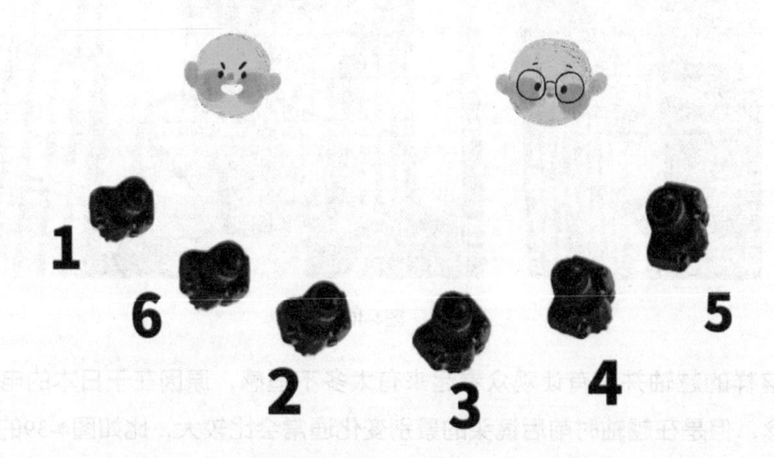

图4-41

镜头衔接时产生跳跃感往往是因为两个镜头太相似。如果镜头之间的区别很大，可以提供更多不同的信息，观众就不会觉得镜头跳跃。在《泰坦尼克号》露丝出场的画面（见

图4-42）中，前面是正面拍摄，此时露丝还没有出场，但是可以看见车和佣人，这个镜头展现了她的社会地位。衔接的下一个镜头（见图4-43）是俯拍镜头，这两个镜头之间的夹角不仅超过了30°，而且在拍摄角度上还有变化，可以给观众提供不同的信息，从而在内容上会表现得更加连贯，能够刺激观众接收到更多的信息，这是30°原则的基本要求。

图4-42

图4-43

下面再看一个示例，《泰坦尼克号》中杰克仰望星空的片段（见图4-44、图4-45）分别采取了不同的角度，角度不仅大于30°，景别和拍摄角度都有很大变化。第一个镜头（见图4-44）从上往下俯拍，我们可以看到杰克在仰望，这时他在看什么我们还不知道，第二个镜头（见图4-45）采用仰拍，有新鲜的信息进入镜头：杰克正看着头顶浩瀚的星空，这也是对前一个镜头留下的信息空缺的回应。

图4-44

图4-45

2. 跳切方法

在拍摄时，如果违背30° 法则，就会让观众以为镜头卡顿了一下。但30° 法则也不是必须遵循的金科玉律，它也如同轴线法则一样是可以打破的。打破30° 法则的手法被称为跳切。所谓跳切，指的是相似的画面、相似角度的直接衔接。

虽然跳切会让画面有一种突兀的跳跃感，但可以产生一种特殊的艺术效果。 跳切产生的最直接的艺术效果是用来营造犹豫或者惊吓的心理。因为镜头跳切会产生一种突兀的卡顿感，破坏镜头组接的流畅性，因此可以在叙事时利用跳切的这一特性来表达人物的内心挣扎、犹豫或者惊恐的状态。

同时，跳切还经常被用来表现时间的流逝。例如，在电影《月升王国》片段（见图4-46）中，老人在不同位置介绍小岛的信息，在他介绍的过程中，不断用跳切镜头带领大家看岛屿，类似于新闻主持人变换着场景介绍环境，这是跳切带来的另一种观感，能带来一种时空跳跃的感觉。

图4-46

总之，遵守30° 法则可以让我们的镜头衔接更加连贯。但有时我们又想刻意打破这种连贯性，让镜头之间产生一种突兀感和跳跃感，这时就可以利用跳切的手法达到这些特殊的叙事效果。

4.6 影片开头的六个手法

开场镜头是观众进入剧情的“第一道大门”。影像的开场或先声夺人，或饱含隐喻，甚至会影响观众是否愿意继续看下去。一个好的开场能够吸引观众继续看下去，本节将介绍影片开场常用的六个手法。

1. 影片首尾呼应

首尾呼应是经久不衰的一种开场方法，这种方法被大量运用在电影中。首尾呼应能在影片开场时制造悬念，吸引观众看下去，并在结尾处给出呼应，形成叙事的闭环。

比如，在经典电影《醉乡民谣》中，导演很好地使用了这种首尾呼应的技巧，在电影的开头和结尾的两个画面中（见图4-47），人物都是坐在同一个地方弹唱，这种开头和结尾一样的环形叙事结构给人一种宿命所归的感觉。

图4-47

2. 主角先入为主

所谓主角先入为主，就是让观众和角色在影片一开始就见面，加强观众对主角的一种认同，同时增加观众的代入感，这也是能把观众牢牢“按”在座位上的一种技巧。这样的手法在人物传记类影片中使用得较多。电影《愤怒的公牛》的开场（见图4-48）中，以人物站在画面左侧为开场，场中昏暗的灯光，拳击手在独自挥舞着拳头，为这部影片奠定了一个悲情基调。

图4-48

在电影《母亲》的开场（见图4-49）中，金惠子在荒凉的田园中独自舞蹈的画面展现了母亲孤独又渴望释放的内心。

图4-49

3. 物体隐喻

在电影开始的时候，是观众注意力最集中的时候，所以影片可以选择在电影的开场对准一些具有隐喻的事物，从而刺激观众思考并吊足观众的“胃口”。在悬疑和恐怖片中使用这样的开场通常可以得到很好的效果。比如《搏击俱乐部》就是这样一个例子，在电影的开场（见图4-50）用了一个不停地运动的长镜头，让观众产生疑惑，直到这个镜头的结尾拉到人物惊恐的表情，观众才明白原来前面是由小拉到大的微观人体的展现。

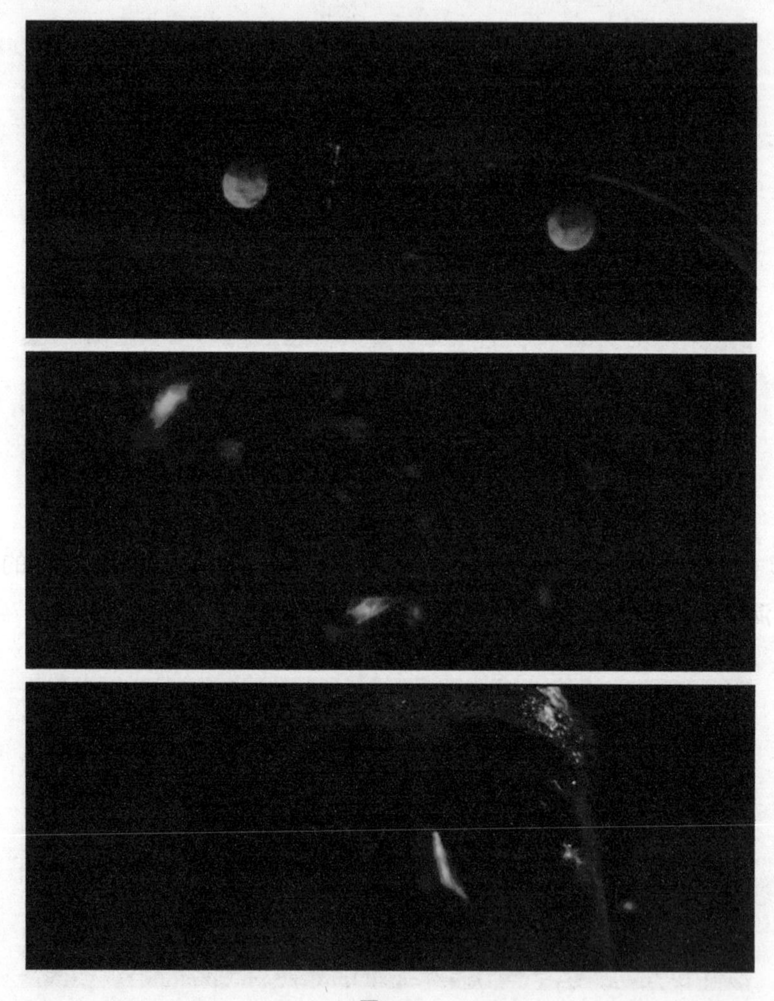

图4-50

4. 定场镜头

一部影片在一个场景段落发生前，通常会有一个定场镜头来交代环境和故事背景。定场镜头一般会是一个远景或全景，在电影一开始就使用定场镜头可以交代故事发生的地点信息。因为定场镜头一般包含比较多的信息，对观众也有较强的吸引力。在电影《现代启示录》的开场（见图4-51）中，一片茂密的热带雨林忽然硝烟四起，揭示了越南战争的残酷。

图4-51

5. 倒叙制造悬念

在电影的开场使用倒叙，是把故事后面的场景提前放到了开头，这样观众可能会产生疑惑，从而吸引观众继续往下看，这样的手法能让故事结构变得更加巧妙。电影《盗梦空间》就是一个典型的例子，开场镜头（见图4-52）就是整个影片的末期，男主角在海滩昏迷后被人发现并带走，接下来镜头一转，就直接开始了整片的故事。这个开场让观众脑海中一直留有一个悬念，而这个悬念随着故事的推进被慢慢地揭开。

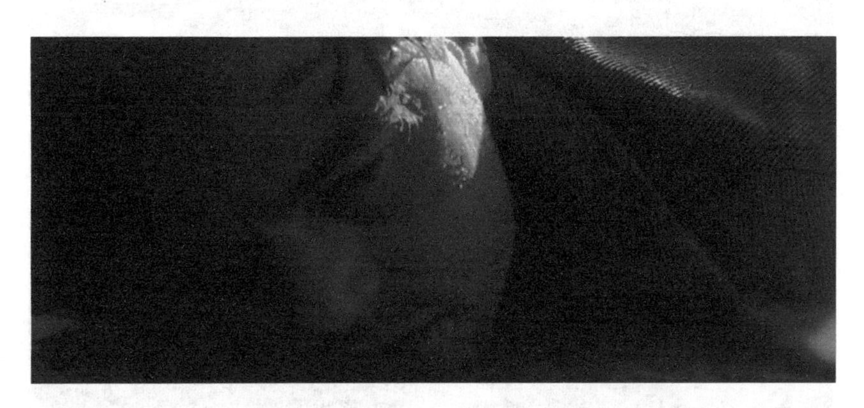

图4-52

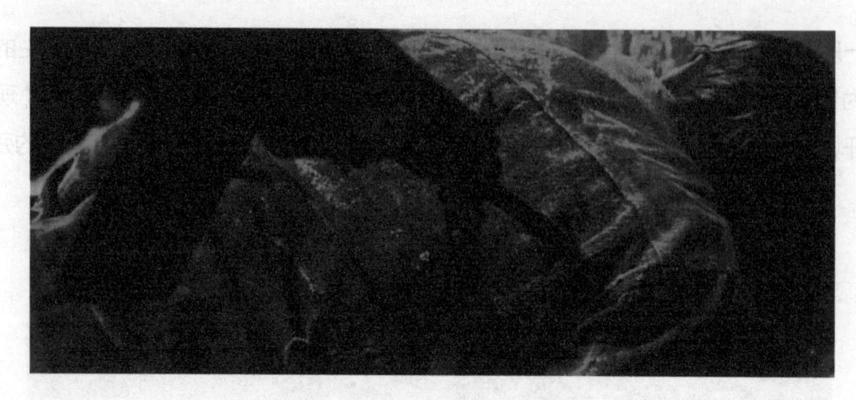

图4-52（续）

6. 长镜头

长镜头的开场是很多导演偏爱的手法，这种手法常被用来流畅地展示一个故事的开始，是一种精致到极致的开场方式。例如，《历劫佳人》开场的长镜头被誉为影史最佳长镜头，这场3分20秒的长镜头对镜头语言的拓展完全超越了时代的局限性。而电影《爱乐之城》的大师级堵车开场（见图4-53），也为这部音乐歌舞片奠定了浪漫而欢快的基调。

图4-53

需要注意的是：长镜头的开场需要做好镜头的调度，因为长镜头不对镜头进行剪辑，所以需要在镜头调度过程中让画面出现新信息，从而吸引观众的注意力。如果对这种镜头调度不够有信心，最好不要轻易去尝试它，否则观众感受到的不是长镜头，而是觉得镜头特别长。

第5章

剪辑时间与动机

在第4章中，我们学习了剪辑的基础理论，本章将更加具体地介绍剪辑的技巧。我们要了解如何把握剪辑的时机，掌握多种剪辑手法，学会怎样巧妙地进行转场。同时还需要具体学习剪辑对话场景的注意事项，以及短视频作品的剪辑思路。本章将结合经典电影，以一种拉片（即分解镜头逐一解读）的方法来讲解这些剪辑经验。希望通过对本章的学习，您能通过拉片的方法向经典影片学习到更多剪辑的知识和技巧。

5.1 把握剪辑时机的六要素

对于一部好影片来说，每一次剪辑都是有理由的，否则盲目地剪辑会分散观众观影的注意力。一个好的剪辑通常要满足六要素，即：信息、动机、镜头构图、摄影机角度、镜头连贯性和声音。当一个剪辑满足的要素越多，那么这个剪辑的理由也就越充分。

5.1.1 要素一：信息

新的镜头被接入时应该给观众提供新的信息，新的信息是所有剪辑选择的基础。如《泰坦尼克号》的片段（见图5-1）中所有镜头的剪切都为观众提供了新的信息。当杰克的手指着海里情绪激动时，观众也想知道他们到底看到了什么会激动，之后的镜头满足了观众的要求，切换到了海中海豚游泳的画面，为观众提供了想看的新信息。

图5-1

图5-1（续）

同样是《泰坦尼克号》的另一个片段（见图5-2），杰克第一次见到露丝时，他的表情明显不一样了，观众很想知道他到底看到了什么，接下来的镜头就切换到了露丝，为观众提供了这一信息。随后在露丝看往杰克后，画面又切换到了杰克。每个镜头所传递的信息都不同。

图5-2

在泰坦尼克号船即将撞上冰山时，给人一种大家都在努力地想要拯救这艘船的感觉。每个镜头（见图5-3）提供的信息都与此前不同，镜头的切换也是信息量的递进增长，告诉人们这艘船的情况正在变得越来越危急。

图5-3

图5-3（续）

5.1.2　要素二：动机

剪入的新镜头应为观众提供新的信息，但是切出的镜头呢？我们为什么要切出那个镜头？何时是切出镜头的最佳时机？

从一个镜头转换到另一个镜头需要有一个动机，这种动机可以是视觉动机，也可以是听觉动机。比如，影片《泰坦尼克号》中露丝向杰克介绍船上的人物片段（见图5-4）中，都会有切出的动机，这个动机就是在露丝介绍完之后，想让观众看到露丝介绍的人长什么样。镜头的切出有动机，这样一个剪辑就是合理的，能够帮助叙事向前推进。

图5-4

图5-4（续）

而在泰坦尼克号船只撞上冰山沉没的情节（见图5-5），镜头的切出是有视觉动机的，前一个显示的是泰坦尼克号船只撞上冰山后即将沉没，后一个镜头接的是人们看到这一场景之后的反应。

图5-5

在这部影片最后的求生情节（见图5-6）中，镜头的切出是以听觉为动机的。当露丝吹哨子后，切到了救援队的反应镜头，这里的哨子声就是听觉动机。

图5-6

图5-6（续）

作为一个好的剪辑，在镜头切出的时候要仔细想一想切出的动机。我们在观看影片的时候需要多思考镜头剪入的信息和切出的动机，这样可以提升自己的剪辑思路。

5.1.3 要素三：镜头构图

剪辑师在挑选镜头的时候，要注意选择构图良好的画面。关于画面的构图知识，在第2章已经有了详细讲解。在电影中，因为影像是流动的，所以构图首要的任务是突出主体。另外要注意前后镜头构图的衔接问题，相连镜头的构图方式不要太跳跃。

比如《爱丽丝梦游仙境》的一个片段（见图5-7）由两组镜头构成，一组是求婚时仰拍爱丽丝，另一组是俯拍，模拟爱丽丝的视角，这两组画面的构图方式都是三分之一构图法。

图5-7

另外，在构图上，我们还需要注意镜头的角度问题。如《泰坦尼克号》的露丝与未婚夫交谈片段（见图5-8）中，上一个镜头中露丝在画面的左边，下一个镜头中未婚夫在画面的右边，这样左右对称的动态构图能形成一种对话的感觉。

图5-8

5.1.4 要素四：摄影机的角度

镜头拍摄时还需要注意摄影机的角度，因为镜头的不连贯会导致人物运动方向的不一致。具体地说，就是要遵循180° 轴线法则和30° 法则。相关内容在第4章已经详细讲解了，这里不再赘述。

5.1.5 要素五：镜头的连贯性

连贯性是剪辑视频最基本的要求，前后镜头剪辑在一起要衔接顺畅。那么具体要怎样做才能保持镜头的连贯性呢？有四项要求，下面详细介绍这些要求。

1.内容连贯

内容连贯指的是叙事前后的内容之间有关联，这是镜头语言叙事的基础，如果镜头内容不连贯，就会让观众难以理解故事情节。

比如，如图5-9所示的一组镜头中，父亲抱着小孩，杰克在看着他们。接下来的画面中可以看到杰克绘画的内容便是同样的画面，这就在内容上保持了画面的连贯性。

图5-9

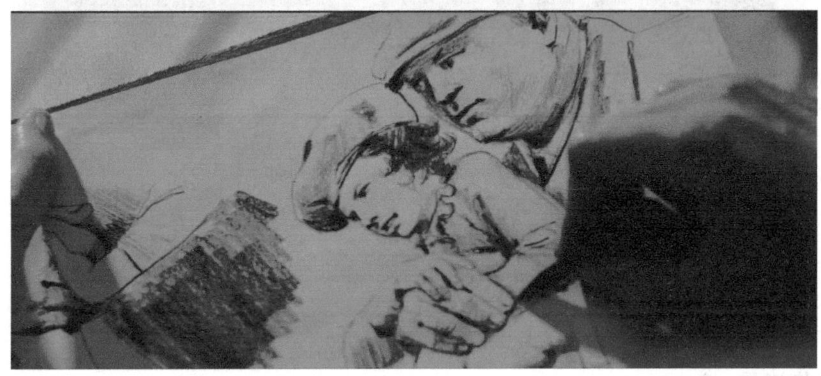

图5-9（续）

如图5-10所示的一组镜头中，在快灌满水的船舱里，水就是主要的内容，它贯穿了这一组画面的始终，保持了这组镜头的连贯性。对于电影叙事来说，内容的连贯是理所当然的，好的剪辑就是要做到让人难以察觉剪辑的痕迹，让观众将注意力都集中在内容上。

图5-10

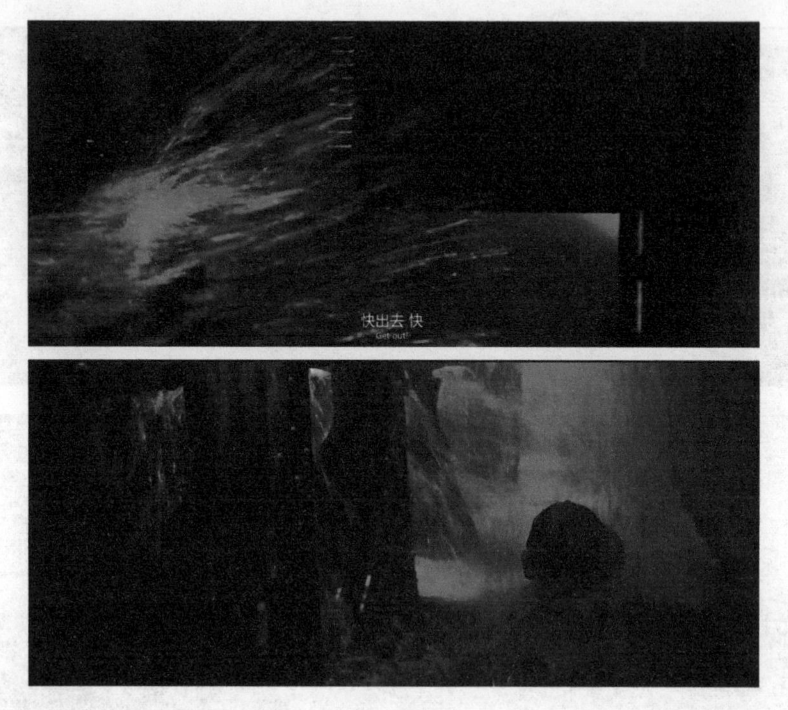

图5-10（续）

2. 动作连贯

动作连贯指的是前后镜头在动作上保持一致。这种一致既包含人物角色的运动，也包括镜头的运动。

如图5-11所示的一组镜头中，露丝挣扎着甩开未婚夫，手拉回来的方向和下一个镜头的奔跑离开时运动的方向一致，这样连贯的动作会给人以顺畅的感觉。

图5-11

图5-11（续）

动作连贯对于影片叙事非常重要，因为如果动作不连贯，就会打破叙事时空的连贯性。如图5-12所示的一系列镜头中，人物动作就是不连贯的，这使人在观看画面时会产生跳跃的感觉。

图5-12

3. 位置连贯

画面位置的连贯是指，在画面中人物的位置不能是飘忽不定的，它需要在影像空间中有一个清晰、明确的站位。不连贯的位置通常是因为在镜头中间演员进行了走位，或者是摄影机越轴造成的，这都需要尽量避免。

如图5-13所示的一组镜头中，老年的露丝站在船上一直从上往下看，这个镜头确定了她的空间方位。年轻时的露丝刚从泰坦尼克号逃生出来时，她抬头向上看。这就造成了一种露丝老年时与年轻时对望的感觉。这种对望是超越时空的，就像对自己内心的省视以及和过去的自己进行对话。这一组镜头之所以能够让观众明白，在于前后镜头位置的连贯，一上一下的人物位置营造了一种穿越时空凝望对视的感觉。

图5-13

4. 听觉连贯

听觉连贯是保持镜头连贯的一个重要因素。我们在对画面进行剪辑时，通常不要把声音断开，要让听觉保持连贯。这样的好处是可以用声音的连贯性来减少剪辑断点带来的不连续，从而推进叙事的发展。

如《泰坦尼克号》的海水漫进船舱的片段（见图5-14）中，大水的声音是一直连续的，这样会给观众一种连贯的感觉，为画面做了一个很好的连接。当镜头成为近景时，水的声音会变大，这就更加增强了一种真实感。

图5-14

如图5-15所示的镜头中，先出现船内的人用力大喊的声音，然后用声音连接站在岸边观看的人，用听觉的连贯性连接两个画面，通过船内的声音连接船外人的画面，以此达到连贯的作用。

图5-15

5.1.6 要素六：声音

电影是通过视听语言来讲故事的，我们很容易将关注点集中在画面上，而声音其实相对更容易被忽略。但在一个好的剪辑中，声音的要素是非常重要的。影视声音通常具有四种意义，即心理意义、象征意义、连贯意义和对比意义。

1. 心理意义

例如，有人处在嘈杂的办公室，身边都是打杂办公的声音，而后接入某个人物的特写，且嘈杂的声音变小，此时的效果就归于这个人的内心活动。这个作用就类似于把镜头慢慢地推进，效果是逐渐走进这个人的内心世界。在这里，办公室的杂音变小就具有心理暗示的作用。

2. 象征意义

当有两个人正在交谈时，为了表现他们交谈时焦灼的气氛，背景可以放狮子和老虎咆哮的声音，这样可以让声音具有象征意义，暗示城市里生活的丛林法则，竞争激烈，适者生存。这个声音是没有逻辑来源的，但是具有象征意义。

3. 连贯意义

比如，有人的脚被砸了，这时他可以尖叫一声，尖叫声之后，下一个镜头就可以接丛林中的鸟飞起来，这两个画面可以通过声音的尖叫很好地连贯起来，此时的声音具有连贯意义。

因为声音有连贯镜头的作用，所以在剪辑的时候可以让声音先入，让观众先有一个心理预期。比如，在《泰坦尼克号》的一个片段（见图5-16）中，镜头开始拍摄的是天花板的吊灯，但这时观众已经可以听到人们说话的声音了，之后镜头缓缓摇到灯下面正在聊天的人们。这就是利用了声音先入，给人以连贯的感觉。

图5-16

图5-16（续）

同样，在影片《你的名字》片段（见图5-17）中，人未进入画面，声音先进入画面，构成了一个剪辑的动机。剪辑的动机就是听见声音时，观众会猜想是谁进来了，所以画面就有了剪辑的理由。这是一个视觉动机，也是一个听觉动机，视觉动机是高跟鞋特写先进入画面，听觉动机是高跟鞋走路的声音，这就让后面的剪辑变得顺理成章。

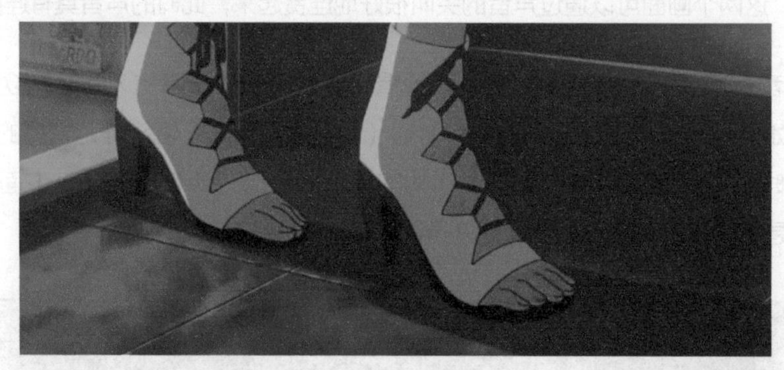

图5-17

4. 对比意义

如图5-18所示的片段里，这一段声音就具有明显的对比意义。泰坦尼克号已经陷入危机，甲板上一片混乱，声音也十分嘈杂，而头等舱内还是歌舞升平的场景。通过声音对比修辞，以及中间突兀的跳跃感，凸显出坐在头等舱里上流社会的不接地气，这是声音独特的作用，能帮助我们叙事，不用画面就能有效地传递信息。

图5-18

图5-18（续）

5.2 剪辑手法 1——画面位置剪辑

画面位置剪辑又被称为定向剪辑或者定位剪辑。

通常情况下，一个强烈的视觉元素占据画面的一侧。切入新的镜头后，被关注物通常显示在相反的一侧。在人物对话场景的剪辑中，画面位置剪辑是一个基本剪辑手法。例如，人物A站在画面左侧，而人物B在下一个镜头中占据了画面的右侧，这样做的目的是给画面留下充足的对话空间。

在如图5-19所示的《阳光姐妹淘》两人对话的场景中，受限于车内特殊的环境，可以看到前一个镜头人物在右侧，后一个镜头中人在画面的左侧，这一方面遵从了轴线的原则，一直都在180°轴线的一侧，另外也遵循了画面位置剪辑，将两个人物主体分别安排在了两个相反的位置。

图5-19

图5-19（续）

接下来再看《阳光姐妹淘》中如图5-20所示的片段。第一个镜头是青年时期的娜美在火车上，她位于画面的左边。第二个镜头是中年的娜美在火车上，她坐在画面的右边。这两个镜头明显是有时空差距的，产生了一种对话交流感。在第三个镜头中，青年时期的娜美在画面右边行走，第四个镜头的中年娜美迎面从相反方向走来，有一种对过去的回忆和审视的感觉。

图5-20

图5-20（续）

如图5-21所示的《你的名字》片段也是非常明显的画面位置剪辑，前一个镜头是男生在画面左边，后一个镜头是女生在画面右边，这也是一个对称的画面位置剪辑。虽然两人并不在同一时空，但仍旧产生了一种对话交汇感。

图5-21

图5-21（续）

5.3 剪辑手法 2——连续动作与声音

1. 连续动作剪辑

连续动作剪辑是指在一组镜头中，第一个镜头的人物进行着某种动作，剪切后在第二个镜头继续这个动作。连续动作剪辑最重要的是保持时间流畅，使动作连贯。

例如，我们想要拍摄有人在图书馆看书的视频。那么镜头A中可以拍摄人物正在聚精会神地看书，准备翻页，在掀开书准备翻页的镜头时可以切出。在下一个镜头中，镜头拍摄角度应该大于30°，同时该页已经被翻过去了。这样两个镜头中的动作就是连续动作。

需要注意的是，在剪辑连续动作时，需要在其中省略一些时间，以免显得卡顿。如在电影《爱丽丝梦游仙境》最终的一个打斗片段（见图5-22）中，连续动作都做了一些省略。大龙刚打到爱丽丝的身上，下一个镜头中爱丽丝就飞在了半空中，中间省略了爱丽丝反应和跳起的一些动作。也正是这些省略的动作，让观众觉得镜头衔接非常紧凑。

图5-22

同样，在如图5-23所示的一组镜头中，爱丽丝刚准备把剑刺出去，下一个镜头就显示已经刺完。前后镜头并不是无缝衔接，而是中间省略了部分内容，这样才会显得流畅。

图5-23

图5-23（续）

连续动作的剪辑手法在舞蹈视频的剪辑中也尤其重要，如图5-24所示，前一个镜头和最后一个镜头既要是同一个动作，中间又要做适当的省略，同时还要注意遵守轴线法则和30°法则。

图5-24

2. 连续声音剪辑

在剪辑过程中，有时画面是有时空跳跃的，为了减少画面的跳跃感，我们可以利用声音的连续做心理补偿。这种剪辑技巧在不同场景的转切中经常用到。例如，在如图5-25所示的《阳光姐妹淘》的画面中，两人在对话时先接入娜美的女儿尖叫的声音，接下来运用前后场景都有的关门声，这是用声音保持连贯的一个技巧。

图5-25

在下面的镜头（见图5-26）中，切换到了娜美年轻的时候也和自己的女儿一样，上学时起晚了就会显示出匆匆忙忙的样子，这里的镜头剪切时不仅音乐是连贯的，台词也都是连贯的，声音的连贯让场景转换变得更加自然。

图5-26

5.4 剪辑手法 3——匀称剪辑

匀称剪辑的最佳表述是：从一个具有明显形状、颜色、大小或者声音的镜头切入另一个具有相似形状、颜色、大小或者声音的镜头。

例如，上一个镜头是一个黑胶唱片，下一镜头是车轮，这两个形状相似物体的镜头剪辑在一起，能够形成一个匀称剪辑；或者说上一个镜头是自行车的车轮，下一个镜头切换到一个三轮车的车轮；上一个镜头是竖立的烟盒，下一个镜头是墓碑，这都是典型的匀称剪辑。匀称剪辑并不是随意运用的，它需要在开拍前就设计好，一些匀称剪辑是为了转场效果的需要，也有一些匀称剪辑具有特殊寓意。

如在影片《泰坦尼克号》的一个片段（见图5-27）中，通过海底看到沉船上的这些摆件，镜头逐渐推进，使人联想到当年这个摆件是什么样的。下一个镜头切到船还未沉之前，这些物品亮丽如新的时候。这种相似物体的匀称剪辑连接了现代和过去的时空。

图5-27

图5-27（续）

同样，在如图5-28所示的片段中，通过杰克和露丝亲吻时的场景，将船头、甲板连接到现在破旧的甲板和船头，通过匀称剪辑的手法连接现在和过去。

图5-28

图5-28（续）

在杰克给露丝作画的场景（见图5-29）中，也是通过眼睛的匀称剪辑将年轻的露丝和年老的露丝剪辑在一起，进行过去到现在的一个时空转换。

图5-29

5.5 剪辑手法 4——概念剪辑与综合剪辑

1. 概念剪辑

概念剪辑手法的应用可以起到心理暗示的作用，它将两个表达不同内容的独立镜头组接起来，并列表达故事中的隐喻。

例如，镜头A中有几人在谈话，其中一个男生问另一个男生结婚后是什么感受，接下来的镜头B则是一个男人坐在监狱中，镜头C是一对情侣坐在沙发上看电视中监狱里坐着的男人。这三组镜头本身并没有意义，但通过概念剪辑的手法组接后，结合前后的语意就可以表达出婚姻对这个已婚男人而言就像牢狱。

影片《超体》的一个片段（见图5-30）中，“黑社会”劫走Lucy时的手法就是典型的概念剪辑。“黑社会”出现的时候用到了猎豹的镜头，而Lucy则是和羚羊的镜头组接在了一起。当“黑社会”走近的时候，影片就播放了猎豹追捕羚羊的镜头。原本现代化的都市和草原上的猎豹、羚羊并无关系，但是通过前后叙事意义的相连，能使人通过心理暗示，明白这些“黑社会”来抢走主人公，就像猎豹抓捕羚羊一样容易。

图5-30

图5-30（续）

2. 综合剪辑

综合剪辑融合了前四种剪辑类型中两个或更多的剪辑类型。镜头的组接中可能同时涵盖了连续动作剪辑和画面位置剪辑，也可能是匀称剪辑和概念剪辑的合成。

如在影片《阳光姐妹淘》的一组镜头（见图5-31）中，就很好地运用了连续声音和连续动作来组接。前面场景的拍手和后面场景的拍手是连续动作，一以贯之的音乐是连续声音，多种剪辑技巧加起来的综合剪辑使剪辑效果非常自然。

图5-31

图5-31（续）

而在该电影的另一组镜头（见图5-32）中则是老式收音机和音响之间的衔接，连接了过去与现在。首先有连贯的声音，再有相似的物体。用相似的物体以及连贯的声音来转换过去与现在的场景。所以这里老式收音机和音响之间的衔接也是一种综合剪辑。

图5-32

图5-32（续）

5.6 记住每次剪辑都是有理由的

在一部影片中，如果镜头本身很好，有完整的开场、中间和结尾，就没必要对它进行剪切和替换。只有当镜头不能再为观众提供新的信息，可能会让观众觉得厌烦的时候，我们才需要剪辑。

例如，《阳光姐妹淘》中的一个片段（见图5-33）就没有剪辑，这是一个一气呵成的长镜头。因为镜头中每一个谈话对象在镜头的环绕运动中都被照顾到了。这个镜头进行了精心的设计，镜头开始部分谁开始说话，主体是谁，镜头的黄金位置就会给到谁，包括人物的台词和说台词的时机都与摄影机的运动做了配合，才会使整个长镜头一气呵成。这个镜头里没有剪辑的动机，因为所有的信息在一个镜头里已经完整地交代了，不需要再进行剪辑。

图5-33

对于那些很长的独白，可能需要切入一些反应镜头，以便让观众保持兴趣。如在一些综艺选秀类节目中，演员表演节目时会接入观众、评委等的反应，让画面的信息更加丰富、多元。

剪辑的动机通常是为了满足观众的好奇心。以影片《泰坦尼克号》的一个片段（见图5-34）为例，这组镜头每一次都是根据杰克回头的动作来剪辑的，观众随着杰克的视线注视露丝，杰克注视露丝的动作都是剪辑的动机，它引导观众一起观察露丝的反应。

图5-34

而在其后，露丝看着杰克说她改变主意了，观众就会想看杰克是什么反应。观众的内心愿望促成了剪辑的动机，所以下一个镜头接的是杰克的反应镜头（见图5-35）。

图5-35

接下来的镜头（见图5-36）中，露丝走过来，杰克“嘘”了一下后，这里又构成了一个剪辑动机，观众想看露丝的反应，所以接下来的镜头切换到了露丝的脸上。到了这里，两人之间的情感又递进地叠加了一层。

图5-36

图5-36（续）

随着杰克动作的推进，镜头（见图5-37）里给到露丝的表情也展现出逐层推进的变化。每一次剪辑时，露丝眼中的情感都浓一层，这也就推进了两人的情感叙事。

图5-37

在影片《阳光姐妹淘》的一个片段（见图5-38）中，运用了黑胶唱片转动和人群绕圈运动的连续动作来进行剪辑。在图5-38所示的上一个镜头中，当DJ播放音乐之后，音乐响起，观众想知道音乐播放之后全校同学的反应。观众的这种愿望就促成了剪辑的动机。这里的剪辑转场比较有技巧性，巧妙地利用了连续的运动方向作为转场。在一个转动的唱片之后，接下来的镜头是学生们听着音乐绕圈跑动的画面，这里唱片的运动方向和学生绕圈运动的方向是一致的，这就利用了连续运动方向和声音的连贯作为转场手段。

图5-38

5.7 双人镜头的拍摄准则

如果我们拍摄的是现实中的双人对话场景，在拍摄时需要有一个视觉动机。比如，看向周围的人，看向谈话的对象，或者闭眼沉思。这些视觉动机都是为之后的剪辑留下逻辑上的剪辑口。人物环顾四周的镜头后面可以接环境的全景，看向谈话对象的镜头后面可以切换到谈话对象，闭眼沉思的镜头后面可以接回忆镜头。

当我们在剪辑打电话的双人镜头时，如果拍摄的两个人在异地打电话交谈，应该使他们看似在同一个影视空间中交谈，镜头构图应合理，并保留视线空间。

比如，影片《月升王国》的一个片段（见图5-39），这个打电话的场景用了划分屏幕的方式展现，左边是警察，右边是男主角的养父，这样的感觉就像在面对面交谈。在后面的镜头中，镜头又彼此独立了，其实也像在面对面交谈，这是因为画面中人物的视线位置相对，而且留下了足够的对话空间。

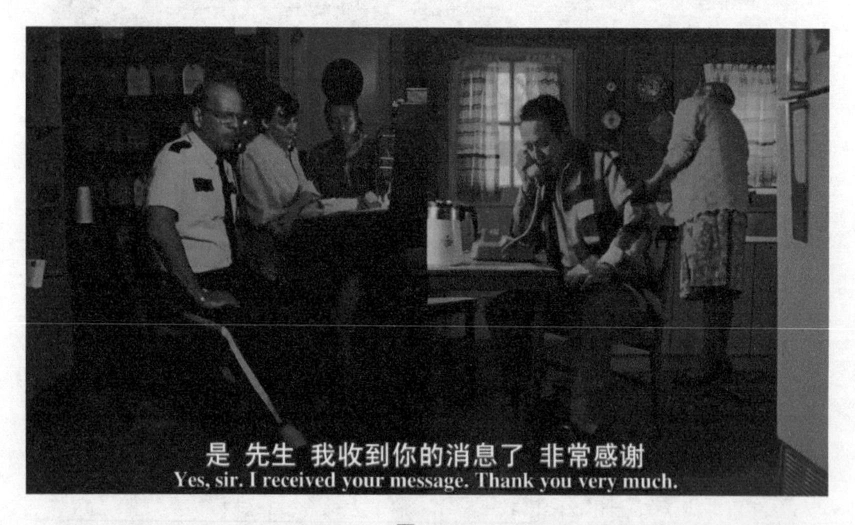

图5-39

图5-39（续）

5.8 剪辑点不受对话约束

寻找剪辑点时无须受对话约束。在对话段落中进行镜头剪辑主要有两种动机——视觉剪辑动机和语言剪辑动机。双人对话场景中，动作和反应都会存在。若一直等待其中一个人说完话再切换到另一个人，那么影片一切都在意料之中，观众就会觉得无趣。

在剪辑对话场景时，当人物A说话时，可以把镜头给人物B正在倾听的动作，此时的对话还是人物A的声音，但是镜头里展现的是B的面部反应。这些反应相当重要，它们可以作为场景“反复”剪辑的动机。

例如，动画电影《秒速五厘米》中有一个人物对白场景片段（见图5-40），该片段并没有对话的人物，插入的是一些美丽的风景画面，但是画面和人物的对话内容是相关的，在讲樱花下落的秒速是五厘米，剪辑非常灵活，用多种意境传达出了影片美感的同时，也让观众对说话的人物充满了好奇。

图5-40

影片《泰坦尼克号》的片段（见图5-41）中，救生员一直在喊退后，我们想看的是作为主角的露丝和杰克，不管谁说话的时候，影片尽量都把镜头给到主角，只给了一个快剪告诉大家说话的人是谁，然后镜头马上从救生员那里转到主角这里，完全没有受到对话的约束。剪辑最重要的不是这句话是谁说的，而是这句话说出来后观众最想看到谁的反应，所以在剪辑时要时刻想到观众想要看到什么。

图5-41

在《泰坦尼克号》的另一个片段（见图5-42）中，小提琴演奏家在演奏音乐时，把镜头给到了放弃逃生并决定和船一起沉没的乘客，其背景播放的还是小提琴演奏的声音，但是画面并没有受到声音的约束。时刻想到观众想看什么，我们就剪什么，思考观众想要了解的内容后再进行剪辑。

图5-42

5.9 运动镜头剪辑注意事项

1. 运动镜头剪辑的一般情况

在剪辑运动镜头时，通常情况下要遵循的画面原则是：静接静，动接动。

例如，影片《你的名字》片段（见图5-43）中，这几组镜头相对是静止的，只有一点点的摇移运动，这样偏向静止的镜头相互连接会有一种非常缓慢的叙事感。

图5-43

如图5-44所示的一组镜头是运动镜头的组接，彗星每突破一个气流层，镜头就会更贴近这颗彗星。这组镜头中，随着镜头的推进，镜头的运动速度也越来越快。这是因为在现实生活中，我们看距离较远的物体运动是比较慢的，当镜头慢慢贴近时会越来越快。联想一下生活中坐火车时的情景，窗外的树运动得很快，而较远的塔运动是较慢的。

这组加速度的基本逻辑是“动接动”，而且这种运动是有递进层次的，就如同一个人跑步慢慢地发力。运动的镜头和运动的镜头相接会给人很流畅的感觉，静止的镜头和静止的镜头相接也能表达静谧的叙事氛围。

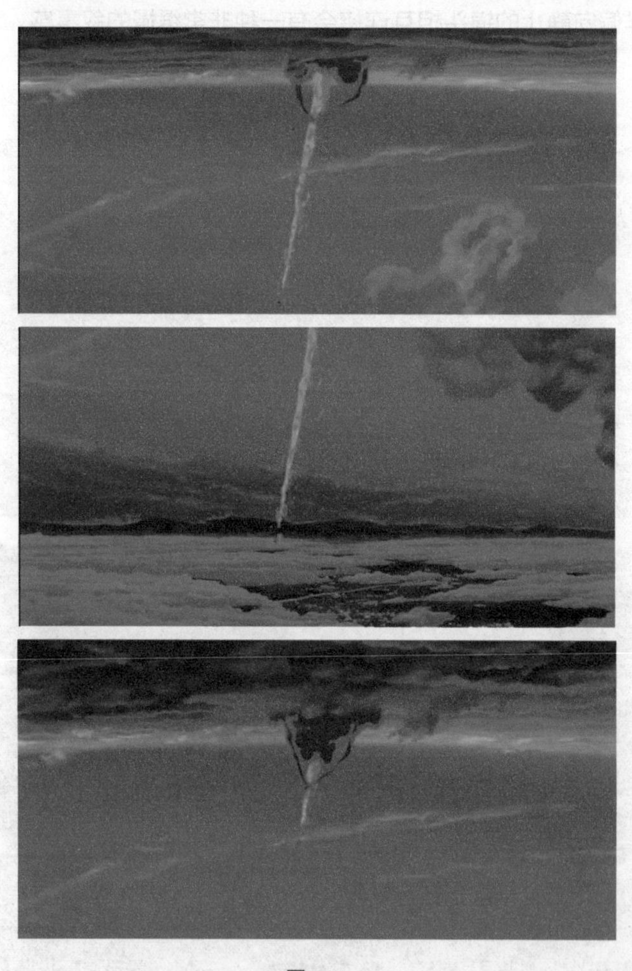

图5-44

2. 静止镜头与运动镜头的衔接

静止镜头接运动镜头要有起幅，这样才能让观众在心理上有一个过渡，不会太过突兀。

例如，影片《泰坦尼克号》的一个片段（见图5-45）中，刚开始时，镜头由静止开始，然后随着杰克的走动缓缓运动，这便是起幅（即运动镜头开始的场面）。这里就是用起幅的方式，让静止镜头与运动镜头之间进行组接。一般来说，拍摄起幅画面需要在设计镜头的分镜脚本时就提前设计，以便静止镜头与运动镜头之间进行组接。

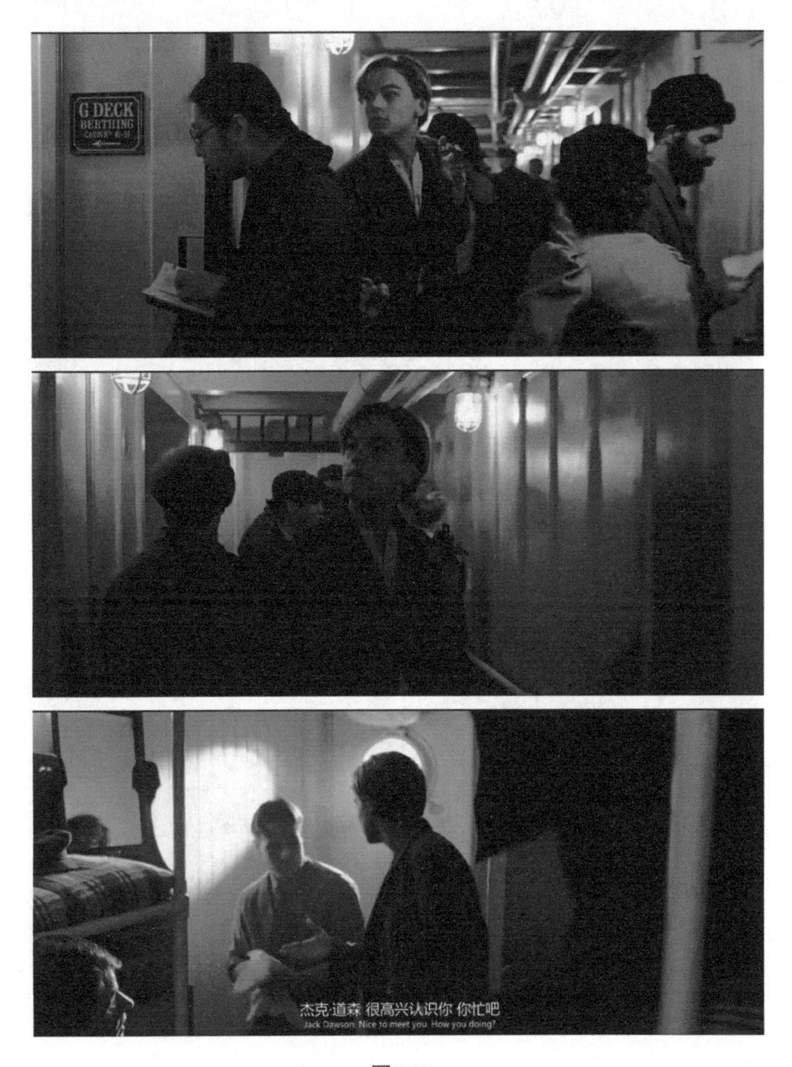

图5-45

3. 运动镜头与静止镜头的衔接

如果运动镜头的主体正在移动，而接下来又变为静止时，不能马上切换到同一主体的静止镜头，中间要有过渡，让镜头静止下来。

如影片《泰坦尼克号》的一个片段（见图5-46）中，露丝在船要沉没时四处寻找杰克，这个跟拍镜头是在运动停止之后，才切换到她的静态镜头的。

图5-46

5.10 特写镜头的组接

特写镜头的特点是可以让观众仔细观察画面信息，但是因为特写镜头淡化了主体与环境的关系，属于一种强制性地展示信息的方法。所以特写镜头如果连续使用，会让观众对所处的环境产生迷惑，同时连续地强制关注也会让人产生审美疲劳。所以在连续使用了多个特写镜头后，应尽快呈现一个全景镜头重新交代环境，并为观众提供新的信息。

如果A镜头是一个外星人，B镜头是一个怪兽，C镜头是另一个外星人，大家就会疑惑三个生物所处的环境，无法构成很好的交流关系。

如影片《你的名字》的一个片段（见图5-47），之前的系列特写镜头描绘了做饭的一些场景，但是观众不清楚是谁在做饭，一系列的特写镜头能够展示做饭的细节，但是展露的环境太少也留下了悬念。正是因为它模糊了空间位置，所以需要后面一个远景来向观众做出交代。

图5-47

影片《泰坦尼克号》中的一组画面（见图5-48）中，前面的画面都是船沉没时船舱内混乱的特写镜头，之后接了泰坦尼克号在沉没时的一个远景镜头，这也是为了向观众交代新的信息。在一系列连续的描写镜头后，画面转到了船的外部，告诉观众泰坦尼克号所处的艰难处境。

图5-48

接下来再看电影《你的名字》中的片段（见图5-49），前面是一组特写，当观众看见前面这组镜头时，能明白是一个人在做针线活，但是不太明白是谁在做，在什么环境下做。这些信息对观众来说都是模糊的。所以后面会衔接人物镜头，告诉大家是在一个什么环境中。

图5-49

一系列特写镜头的组接能强调画面内的信息，但也隔绝了画面外的信息。我们要视具体的叙事表达要求来决定怎样使用连续特写镜头。一般而言，人物纪录片不适合用连续的特写镜头组接，因为纪录片强调一个客观记录视角，而特写镜头带有一种强制性观看或煽情意味。在纪录片中应尽量提供全面的画面信息让观众自行观察。如果拍摄美食短片这类以物为对象主体的题材，则应该多使用特写镜头，让观众能够看清楚制作的过程，展示食物的色泽质感。

在叙事类题材中，特写镜头一般起着带入情绪、强调细节的作用。但是特写镜头因过度聚焦细节，缺少对环境的刻画。所以我们在连续多个特写镜头后要加入其他景别的镜头，为观众提供一些环境信息。而对于新出场的人物镜头，可以采用特写镜头组合的方式，让人物先保持一些神秘感，引起观众的好奇心。

5.11 远景镜头剪辑注意事项

1. 人物远景镜头的剪辑

对于人物远景镜头，在剪辑时要避免从一个人物镜头的远景切换到同一个人物的特写。

如果A机位拍摄的是一个远景，B机位立马接到特写，观众会觉得有点奇怪，视觉上会让人觉得不舒服。因为远景镜头与特写镜头的景别差距过大，直接剪辑在一起过于极端，容易产生跳跃感。

如果前一个镜头是特写，后一个镜头是全景，可以在前一个镜头中留下一些悬念，在下一个镜头中再揭晓。比如，影片《泰坦尼克号》的一个片段（见图5-50）中，老年露丝被采访时使用的是特写镜头，这时我们无法看到人物全貌，在接下来的全景中，我们才能看清人物和整个空间环境的状态。然后连接近景，这样一步步地过渡，大家能够接受和适应这个过程。

图5-50

图5-50（续）

2. 远景用作定场镜头

在剪辑新场景时，有时需要有定场镜头交代场景。对一个新的场景来说，使用一个远景（或全景）作为定场镜头是必要的。观众不仅想知道新场景内发生的事情，还想知道发生的地点。定场镜头的作用就是要让观众看到拍摄空间的全貌。

比如，《你的名字》的一个片段（见图5-51）中，男主角在画女主角住的环境，这是一系列的特写。下面一个镜头切到了一个新的场景，所以用了一个大范围的定场镜头，对全新场景的环境做了介绍。这里定场镜头的作用就是用来开启全新的场景。

图5-51

图5-51（续）

定场镜头也不一定会在场景切换后的第一个镜头中出现。例如，如图5-52所示的一个片段，就是在一系列特写之后用了一个大全景来交代环境。其实这里的大全景也相当于定场镜头，只不过没有在一开始就出现。定场镜头出现得越晚，观众对空间环境的迷惑就越多。

图5-52

图5-52（续）

在图5-53所示的这组镜头中，使用一个定场镜头告诉观众泰坦尼克号的一半已经沉没，船已经分裂开来的事实，下一个镜头就是船和船内人的特写，景别慢慢地减小并推进。

图5-53

图5-53（续）

那么定场镜头到底什么时候出现比较好呢？这要看叙事的需要。如果你想对一个故事娓娓道来，那么可以让定场镜头在第一个镜头就出现；如果想给观众留下一些悬念，引起观众的好奇心，可以用特写和近景先声夺人，再用定场镜头交代环境。

5.12 抖音短视频的剪辑手法

前面我们学习了如何把握影视剪辑的时间与动机，并了解了镜头间组接的规则，那么这些规则在短视频的剪辑中是否也适用呢？其实我们学习的剪辑规则属于影片剪辑的底层逻辑，它在短视频剪辑中也是适用的。短视频中的剪辑手法也来自传统的影视剪辑理论。

短视频作品与传统影视作品的不同之处在于，前者短小、精悍，需要在极短的时间内吸引观众的注意。所以在剪辑短视频时更要做到“极简”。即当内容能够吸引观众注意时，不要随意切换镜头去分散观众的注意力。我们经常能够看到在一些短视频中，出镜者全程对着镜头讲话，一个固定镜头从头拍到尾，其间没有做任何场景切换，但这样的短视频往往也能够获得很多点赞和转发。这是因为这类短视频的内容本身就做得足够好，能够吸引观众看下去。

在剪辑短视频时，我们要始终把握住“内容为王”的核心原则，下面将学习中常见的一些短视频剪辑手法。

1. 镜头切换的30° 法则

因为剪辑的30° 法则会让画面显得自然流畅，所以很多时候我们都不会把它当作一种剪辑手法。遵守30° 法则能让剪辑后的画面有足够的信息变化，这样能够避免画面产生跳跃的不适感。大多数时候，我们感觉到画面跳跃不自然，并不是因为画面信息变化太多，而是因为画面信息变化太少，前后两个镜头的画面过于相似才会造成一种类似于卡帧的感觉。如图5-54所示的镜头，两个镜头之间的角度与景别变化都比较大，这样就保证了画面有足够的新信息来吸引观众的兴趣，让画面的过渡变得自然流畅。

图5-54

2. 利用跳切来夸张强调或转换场景

在短视频中，有时我们也会利用跳切来表达一种惊讶或强调的效果。跳切的画面镜头角度变化小，它的最后一个镜头通常采用相似的角度，更加靠近主体进行拍摄。跳切有一定的夸张感，也有一定的戏剧化效果。如图5-55所示，两个镜头的角度非常相似，这种跳切效果让人感觉是同一个镜头被快速地推进了，可以放大人物某个瞬间的表情，强调一种夸张化效果。同时，如前文所提到的，我们也可以利用跳切的技巧来快速转换场景地点。

图5-55

3. 利用遮挡物进行转场

如果想让你的剪辑更加巧妙一些，可以使用一些遮挡物来进行转场，这样的转场方式可以让你的剪辑显得更加有设计感。注意，这里的遮挡物要出现得比较自然。例如，图5-56中左图所示的镜头是一个人用手盖住镜头，右图的镜头是手从镜头中拿开，这样一开一合之间其实就已经使用了遮挡物进行转场。

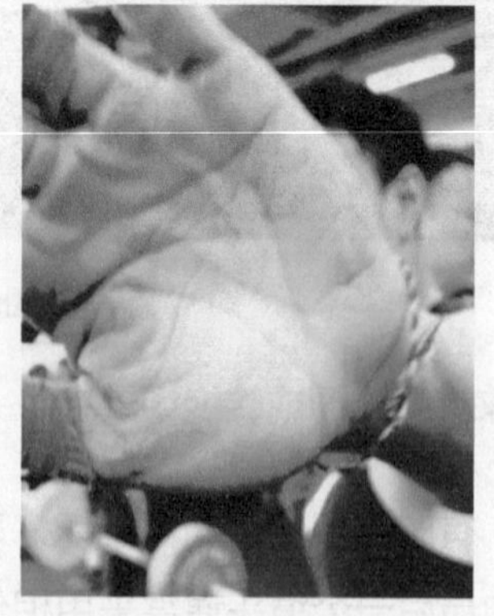

图5-56

对于运动镜头，我们也可以使用墙体等遮挡物作为转场。具体的方法是上一个镜头的落幅落在墙体上，下一个镜头的起幅从墙体开始，这样将两个镜头组接在一起时就能做到连贯过渡。图5-57所示镜头就是以墙壁作为遮挡物来进行转场的。但这种以墙体为遮挡物的手法要特别注意前后两个镜头的墙体要相似，这样转场才不容易穿帮。

图5-57

4. 对话场景要注意对话方向

竖屏短视频中的人物通常位于画面的中间位置，这种情况下拍摄两人对话的场景要注意保持对话主体的方向一致。具体地说，如果上一个镜头的人物朝着镜头右边说话，下一个镜头中接话的人物要看向画面左边。这样就算两个人不在同一个现实场景中，也能产生对话交流感。

图5-58

还有一种对话的情况是让被摄对象与拍摄者之间产生对话。如图5-58所示，拍摄者位于摄影机之后，因此被摄对象要将摄影镜头当作讲话对象，当被摄对象对着摄影镜头说话时，也能产生对话交流的感觉。

第6章

抖音短视频剪辑实战案例

在前面章节中，我们学习了Pr软件的操作技巧以及剪辑的理论和技巧，本章将要运用前面所学的知识来制作三个抖音短视频，它们分别是旅拍短视频、街头舞蹈短视频和美食短视频。

在拍摄短视频的时候，需要注意以下几点。

第一，统一画面布局。采用横屏还是竖屏？一旦确定好一种画面布局方式，就要使用统一的布局方式拍摄，切忌一些画面横屏，一些画面竖屏。

第二，尽量避免画面抖动。对于运动镜头，尽量选择使用手持稳定器协助拍摄。如果没有手持稳定器，也可以坐在车上拍摄，尽量避免因画面晃动让人产生眩晕感。

第三，对于运动镜头，尽量保持相同的运动方向，这样在后期剪辑时才能更加顺畅。

大家可以先下载随书附赠的案例源视频与音频素材自行剪辑一遍，之后对比自己剪辑的思路，通过这种对比学习能促进更多的学习和思考。

在剪辑视频的过程中，技术是实现想法的必备基础，但是勤思考、多动脑才是最关键的。接下来就让我们一起愉快地学习吧！

6.1 剪辑旅拍短视频

旅拍短视频是常见的一种展示生活方式的视频。我们在旅行过程中，常常想要把所见所闻拍摄记录下来，并制作成短视频，那么怎样才能让视频匹配音乐，踩好节奏？如何让视频显得丰富？如何对素材进行渲染？下面将介绍具体的操作步骤。

（1）将需要用到的旅拍素材和音乐导入项目面板中。然后选择一个视频作为创建序列的标准。选择好视频素材后，长按鼠标左键，将选择好的视频素材拖曳至时间轴上，

Pr便会自动生成一个序列。设置好序列后，将视频自带的音频删除，添加所需的音频（见图6-1）。

图6-1

（2）添加所需音频后，单击音乐轨道前的锁定图标，将音乐所在的音频轨道锁定（见图6-2），这样操作之后，在添加带有音频的视频素材时，就不会影响到音乐所在的轨道。再次添加一段视频素材，同样删除其音频，开始剪辑衔接两段视频。

剪辑时最好试听选择的音乐，掌握其节奏和韵律，一段歌词大概匹配一段简短的视频。短视频每段素材的时长需要控制，不宜过长，否则会让观众产生疲惫感。

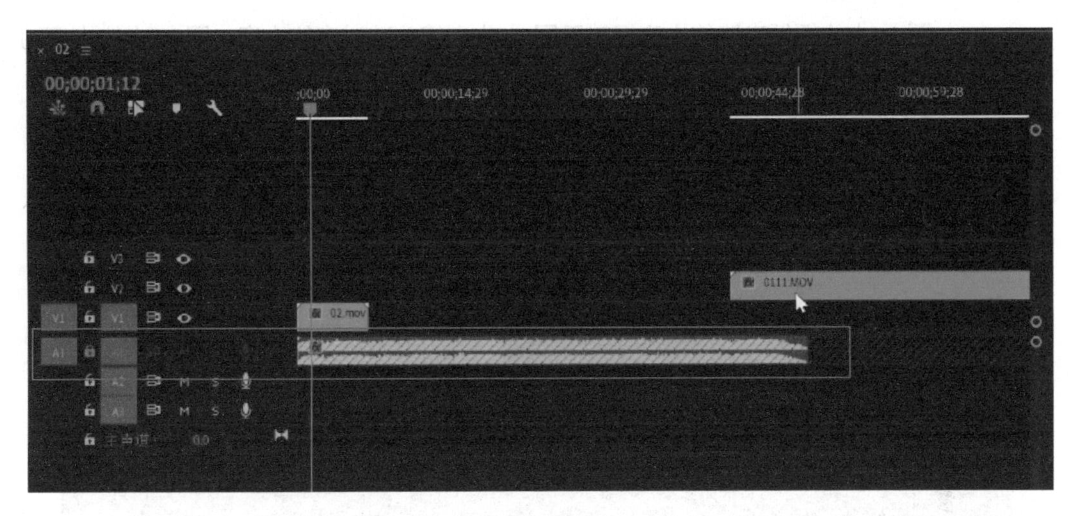

图6-2

（3）在剪辑视频时，还需时刻观察视频中的内容。若前面已经选择了两到三个较为舒缓的风景镜头（见图6-3），接下来所承接的素材尽量选择较有冲击力的内容，而不是再接一个缓慢的镜头。

图6-3

（4）图6-4中的缓缓走路的小鹿相较于图6-5中向镜头冲过来的小鹿，图6-5中的小鹿明显更有镜头互动感，我们可以选择这个镜头来增加视觉互动感。

图6-4

图6-5

具体情况具体分析，若选择的音乐节奏一直缓慢，则可以使用缓慢的视频素材，主要还是配合音乐节奏。

（5）视频的节奏是剪辑旅拍短视频时要注意的一个问题，如图6-6所示，可以看出开头的视频时长较长，而偏中段的视频时长和比例则会进行一定的缩减。除了遵循剪辑的节奏，也配合了所选歌曲的节奏，由慢到快。

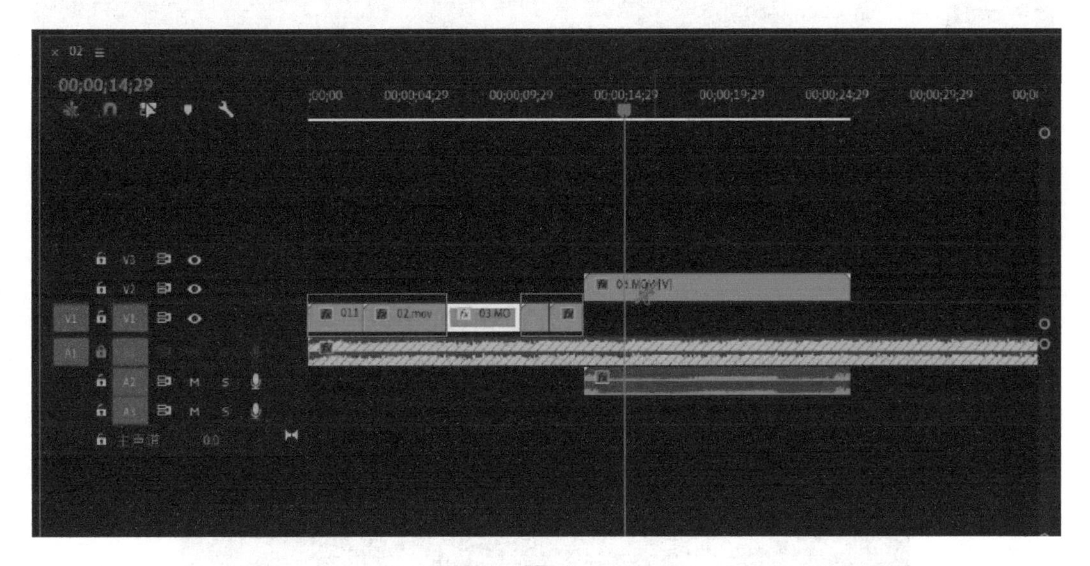

图6-6

（6）前期拍摄视频时，由于所用的拍摄设备不同，所以在后期剪辑时将这些视频导入同一个序列时就会出现图6-7所示的现象，即视频在画面中过大或过小。出现这种状况时可以运用第3章所学的缩放控件将其进行调整。

图6-7

（7）在源面板中找到效果控件并单击它，在出现的参数中找到“缩放”参数，将其调整到合适的数值，使素材放大/缩小到完美比例（见图6-8）。此时音频正好也到了标志性的地方，在这种情况下，就可以选择一些正好遮盖住镜头的素材进行转场。如图6-9所示，向镜头拍来的海浪就能很好地盖住镜头，充当转场的作用。

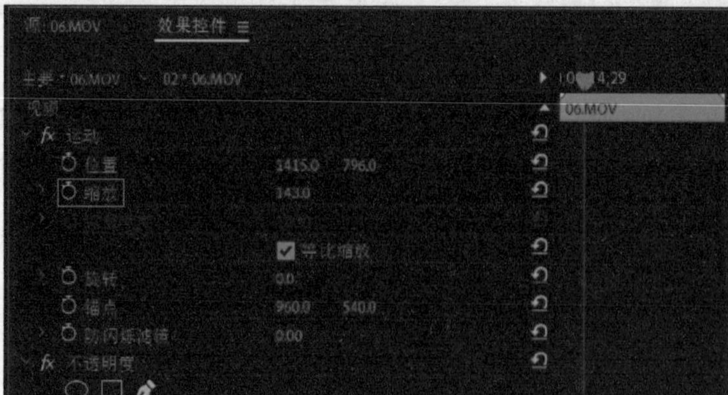

图6-8

图6-9

（8）因为选择了海浪的拍打视频做转场，接下来的画面选取带有水元素的视频素材会给人一种连贯的感觉，所以选择了水中的鱼在游的一段视频（见图6-10）。

图6-10

（9）鱼在水中游的两段视频之后，还可以衔接一个人在水中游泳的视频素材（见图6-11），虽然不是在同一片水域，但还是遵循了组接相同元素这一理念。游泳素材中有一个头探出水面的动作（见图6-12），就可以在此处断开连接其他素材。人物的头探出水面时的视频也正好结束，这些剪辑细节也是需要细细揣摩的。

图6-11

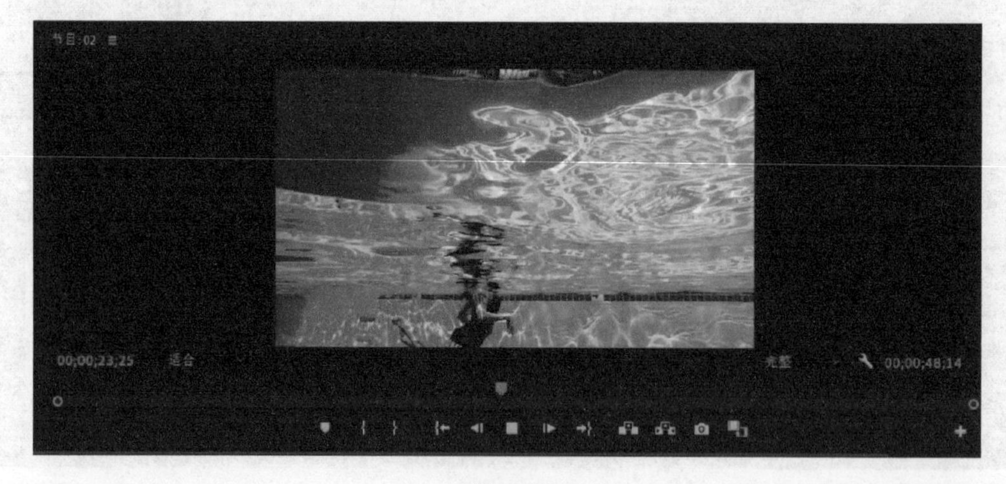

图6-12

（10）下一个素材选择的是人在飞机上看窗外风景的视频，这段素材的前半段是飞机窗外的风景（见图6-13），后半段出现了人（见图6-14），秉承同种元素相互连接的原则，所以这一段运用前面所学的倒放功能，镜头首先出现的是人物，即将水中游泳的人与在飞机上看风景的人联系起来。

图6-13

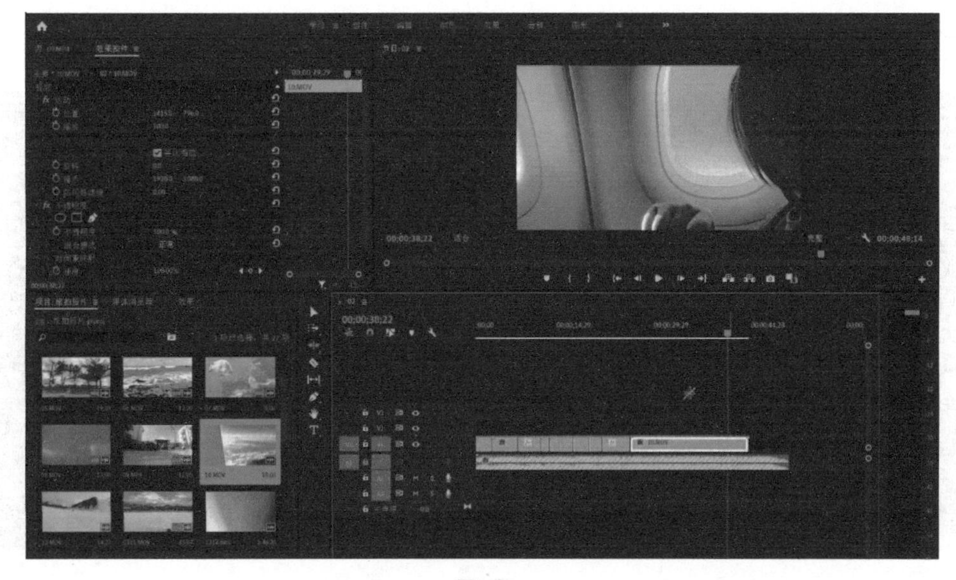

图6-14

（11）鼠标右键单击人在飞机上看风景的这段视频，在弹出的菜单中选择“速度/持续时间”，弹出“剪辑速度/持续时间”对话框，然后勾选“倒放速度”，最后单击“确定”按钮（见图6-15）。

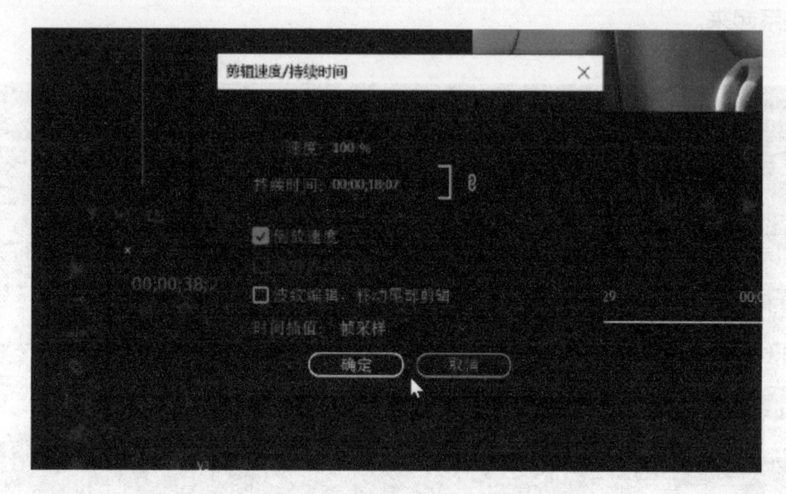

图6-15

（12）剪辑时如果发现一些时长较长的影片不需要全部用到，则需要将长视频分割拼接（见图6-16），为观众展示最精华的部分。若遇到视频和画布不对等的情况，除了在效果控件上调整，也可以右击要调整的视频，选择“缩放为帧大小”（见图6-17），就可以很方便地将视频缩放成想要的大小。

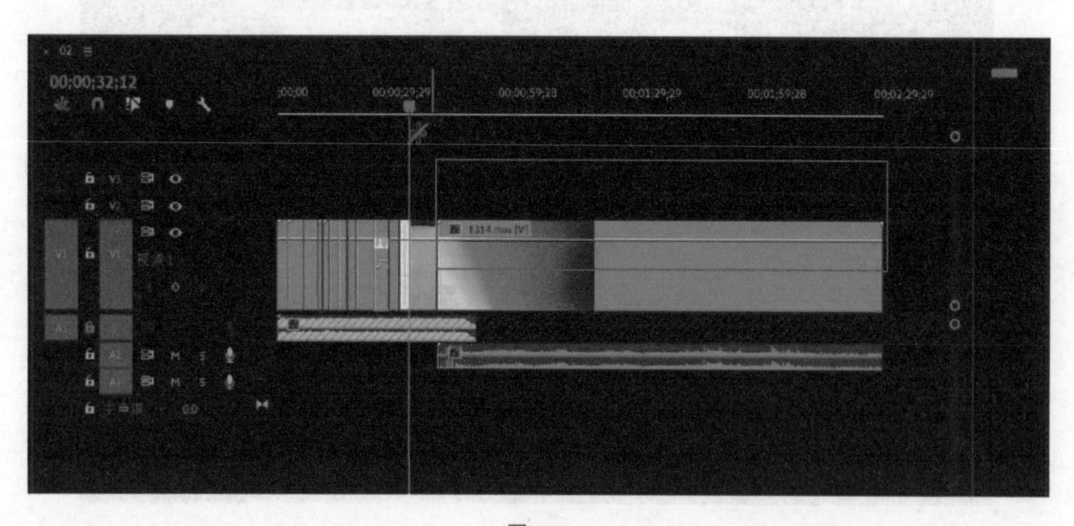

图6-16

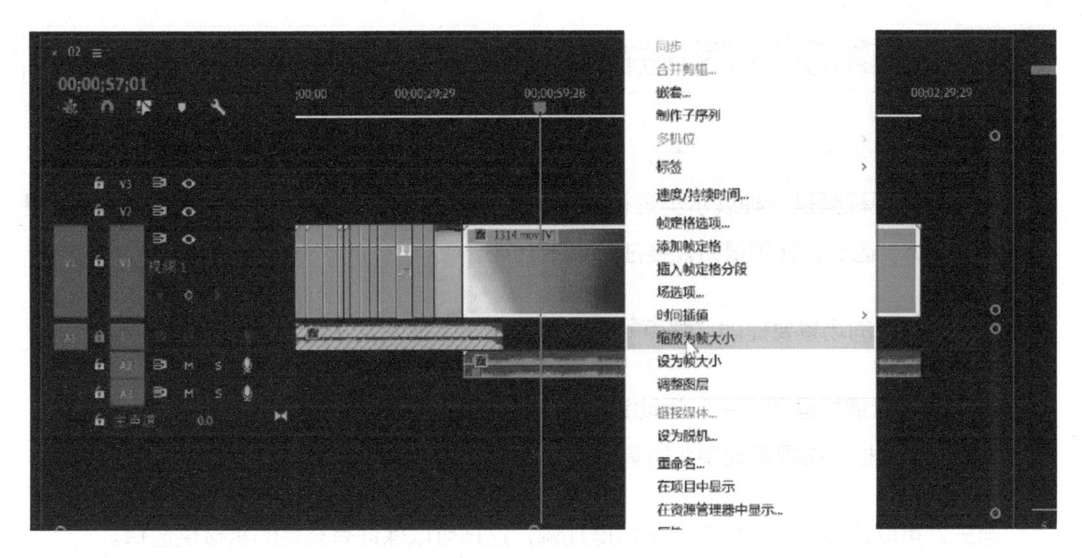

图6-17

（13）选取的视频尽量避免重复，特别是在一条长视频中截取几段小视频时，并且尽力去发现视频中有意思且生活化的动作和情节，给制作的旅拍视频增加一份趣味。剪辑好后，从头观看一遍影片，会发现播放卡顿的情况，这是由于在渲染过程中做不到实时播放，这种情况是正常的。若想在导出之前就欣赏到流畅的视频，可以在工具栏中单击“序列”→“渲染入点到出点”（见图6-18），对视频进行渲染。

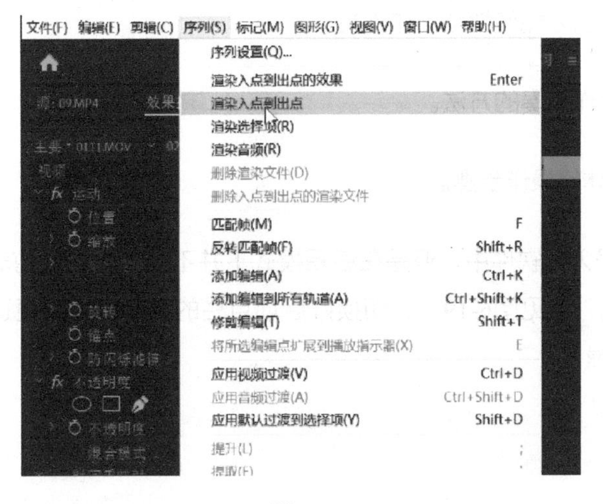

图6-18

到此，一个旅拍短视频的剪辑就完成了。

6.2 剪辑街头舞蹈短视频

街头舞蹈短视频是一种展示类短视频，其特点在于：它不是随机发生的，需要经过提前设计和排练。因此，在拍摄时需要注意以下几点。

第一，选择的场景要提前“踩点”，避免拍摄时出现突发状况，从而影响拍摄。

第二，尽量增加运动镜头。运动镜头可以提升舞蹈整体的动感，如果静止镜头过多，会让画面显得呆板。拍摄运动镜头时需要提前准备好手持稳定器。

第三，可以选择在多个场景中多拍摄几遍，这样可以保证有充足的素材供选择。

第四，选择使用升格拍摄。升格可以让画面有足够的放慢空间，这样方便在后期进一步调整舞蹈的节奏。

针对本例还需要注意以下三点：

- 了解街头舞蹈剪辑的思路以及如何整理素材。
- 学习如何剪切才能使舞蹈动作连贯。
- 掌握调整动作节奏的方法。

下面将介绍具体的操作步骤。

（1）将素材导入Pr软件中，但是在编辑模式下并不太适合此次剪辑，将“编辑模式”切换为“组件模式”（见图6-19），切换好后项目栏的窗口变大，更适合编辑和查看视频素材，方便后期剪辑。

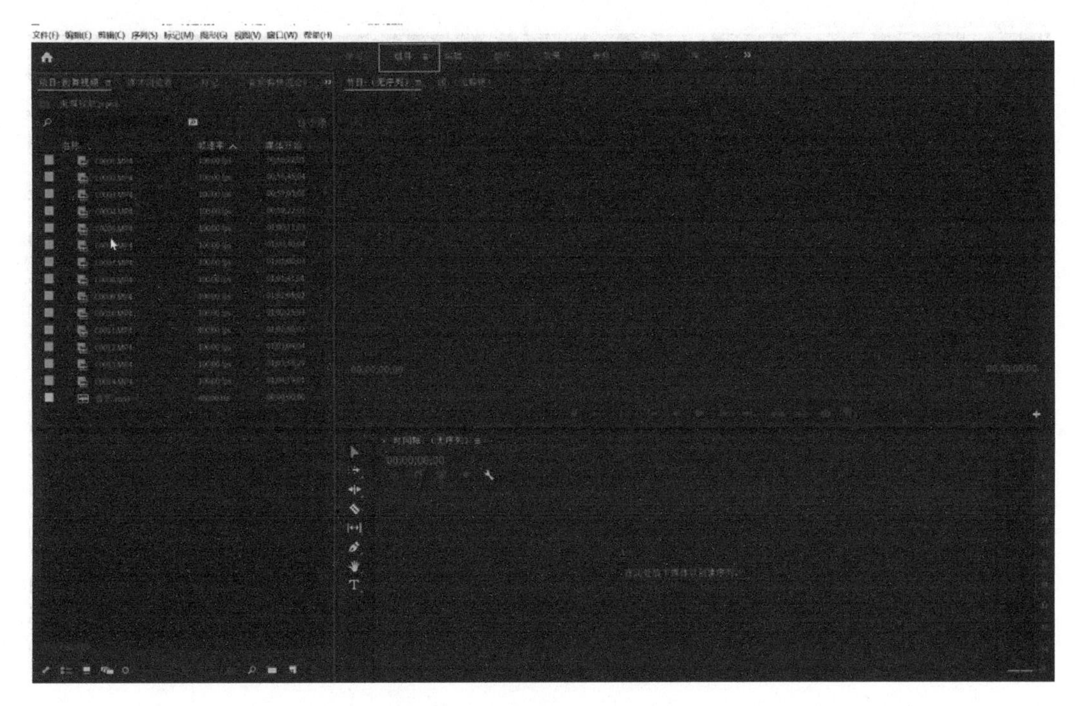

图6-19

（2）在剪辑之前，要将视频进行归类，此时就可以单击项目面板底端的视图切换工具，将“当前视图”切换到“图标视图”（见图6-20），将“列表模式”变换为“视图模式”后，就可以清楚地看到视频的内容（见图6-21）。

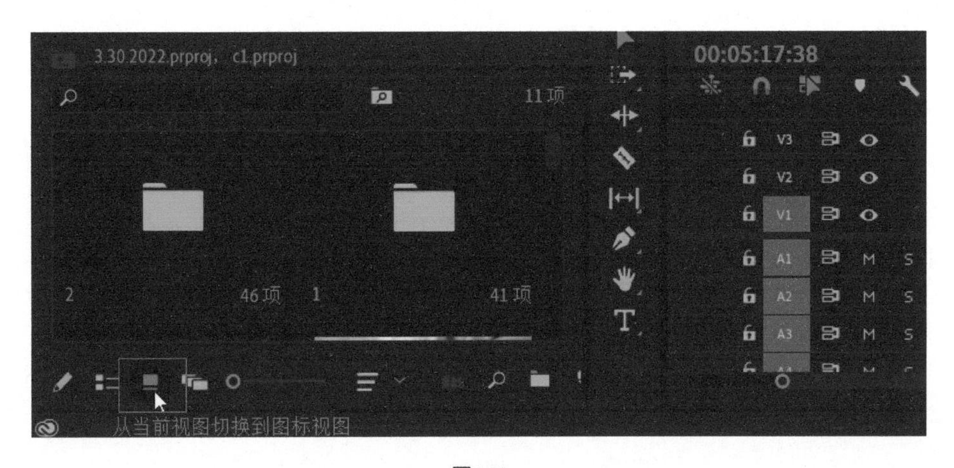

图6-20

图6-21

（3）根据所选素材的相同特性进行归类。在项目面板的范围内，鼠标右击空白处，选择“新建素材箱”，就可以形成一个文件夹（见图6-22），将素材箱重命名，按住“Ctrl”键的同时单击所要移动的视频素材，将它们拖曳进素材箱。

图6-22

（4）分类完成后，先拖动一段视频到编辑栏，使其形成一段序列。由于街头舞蹈视频不需要原声，可以单击时间轴面板左上角的按键，就可以便捷地使声画分离，从而删除原声，再添加所需要的音乐。为了防止误操作，可以将音乐轨道锁定，点亮轨道前的锁图标即可。

（5）每一次剪辑都需要一定的思路，同样，街头舞蹈也是需要剪辑思路的，它的剪辑思路就是人物的舞蹈动作。所以在剪辑时，并不需要过于注重视频的背景，最主要的仍然是视频中人物的动作。通过对示例音乐的分析，音乐是缓入的，对应的视频素材也应该由缓而入。随着视频素材的播放，可以发现视频中人物有一个回头的动作，这个动作可以作为整个视频发展的开始（见图6-23），并且和声音匹配。

图6-23

提示

如回头等动作与视频前半段有反差的镜头，都可以选择作为某一转折点。

（6）缓入完成后，接下来的视频内容就需选择人物开始舞蹈的动作，衔接要迅速，不拖泥带水，因为作为一个街头舞蹈视频，视频时长都不会过长，所以要在短时间内尽可能地展现多样的舞蹈。因此，就可以在最开始分好的素材箱组内寻找到开始舞蹈的部分（见图6-24），将其拖入轨道进行剪辑。

图6-24

因为组是按一定规律分配的，所以在组内寻找衔接视频会较为流畅。

（7）在第5步中选择回头动作作为转折承接点，那么下面的视频动作连接已经开始的舞蹈才较为连贯。在剪辑时要注意，要将视频素材中前半段人物还没开始跳舞的部分剪掉，以保证视频的流畅度。删除前半段时，可以使用波纹编辑工具（见图6-25），这样可以省去波纹删除这一步，直接让编辑后的视频衔接到上一视频。

（8）一旦视频中的人物开始跳舞，舞蹈动作便顺理成章地成了后续剪辑的线索，我们通过舞蹈动作对之后的视频剪辑进行整体的串联，并且在剪辑时还需配合音乐节奏。本例所选的音乐节奏比较快，所以在剪辑时，为避免因人物在一处的舞蹈时间过长导致审美疲劳，应该在后续剪辑中不断地变换角度和动作或者舞蹈的地点。而要掌握一个视频剪切的位置，则需要观察人物的舞蹈动作，在有舞蹈停顿的地方都可以进行剪切。

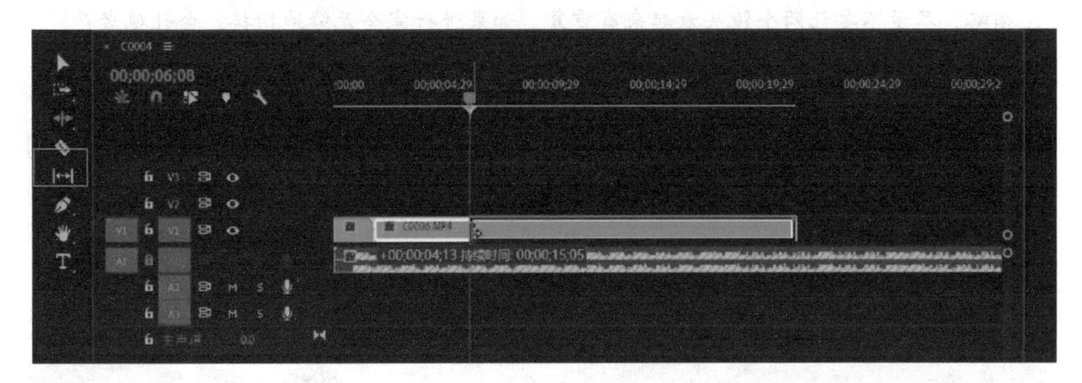

图6-25

（9）从本例看，上一个镜头选择停在了一个正面的角度，并且画面中人物的双手交叉举在胸前的动作（见图6-26）。

图6-26

为了连贯和有跳脱性，下一个镜头就该选择一个侧面角度且人物的手展开的动作。

注意：下一个镜头不要选择人物的手还在前面交叉的动作，在剪辑时要留意时间的省略，尽量不要让两个镜头看起来有重复。如果进行完全无缝地衔接，会让观者产生一种卡顿的观感。所以下一个衔接的动作一定要进行一些省略。

（10）在一个场景使用三四个素材后，就要注意更换场景来提高视频的多样性，但同样要注意动作的衔接（见图6-27和图6-28），图6-27的人物有一个下蹲的趋势，正好连接图6-28同样下蹲的动作。

图6-27

图6-28

（11）下蹲后人物接着做了一个吸引人的动作——扫腿（见图6-29）。为了让这个动作更有意思，可以给这个动作加上一些变速。鼠标右键单击视频，在弹出的快捷菜单中选择“显示剪辑关键帧”→“时间重映射”→“速度”（见图6-30）。

图6-29

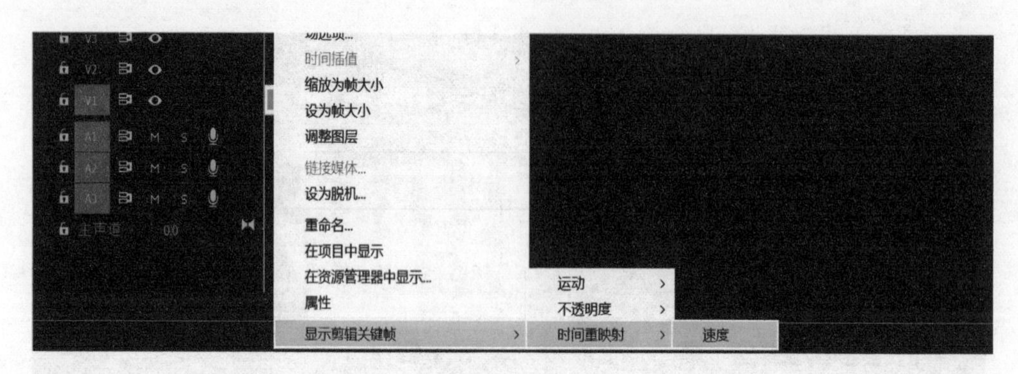

图6-30

（12）双击视频轨道，将视频轨道放大，可以看见轨道的视频中多出了一条实线，这就是调整速度的线条（见图6-31）。

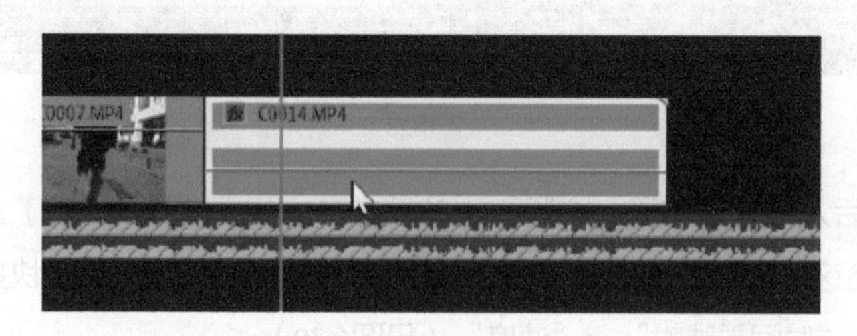

图6-31

（13）在要变速的地方添加关键帧，将鼠标光标放在两个关键帧中间的实线上，并将线向上拉，这段视频即可加速（见图6-32）。

图6-32

（14）在影片结尾处可以添加一些视频效果来满足视频的需要。找到项目面板内的“效果”→“视频过渡”→“溶解”→“黑场过渡”（见图6-33），鼠标左键长按“黑场过渡”，将其拖至视频结尾处（见图6-34），这样结尾就形成了一个黑场的效果（见图6-35）。

图6-33

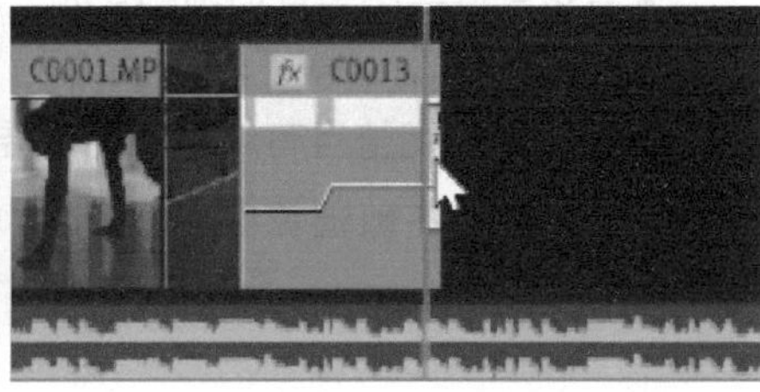

图6-34

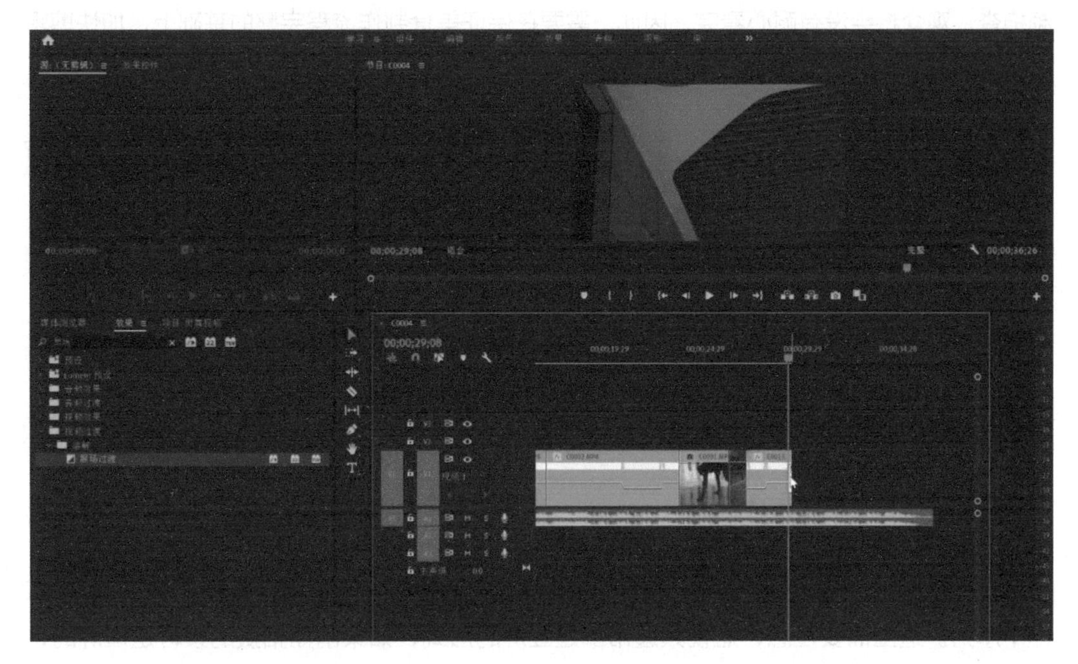

图6-35

总结：整个剪辑过程虽然不难，但需要注意细节和剪辑思路。开头整理素材是按场景的不同进行划分的。剪辑时的剪切口是从人物动作的停顿点进行有逻辑的剪切，还要注意衔接时动作的省略。画面节奏的把控可以通过“时间重映射”来调整，使动作有快慢节奏的变化。

6.3 制作美食短视频

本节将制作一个美食短视频案例。在制作美食题材的短视频时要注重两点。

第一，步骤完整且有序。我们需要让观众在观看美食短视频的时候可以学习到美食制作的方法。所以在剪辑美食短视频时，要按照美食的制作流程来安排素材的先后顺序，并配以适当的标题字幕帮助观众理解。

第二，要注意剪辑节奏，忌拖沓冗长。短视频的完播率会影响视频的推送量，如果视频拖沓，观众将会没有耐心看完。因此，需要在保证美食制作流程完整的基础上，加快剪辑节奏。

下面将通过一个“鱼羊鲜”美食视频案例，带领大家一起学习美食短视频的剪辑方法。本例有三个需要注意的点：

- 在开始制作之前，如何对素材进行分类管理。
- 如何将横屏素材置入竖屏的短视频序列中。
- 如何匹配好音乐与视频的节奏。

下面介绍具体的操作步骤。

（1）在本书附赠的练习素材中找到美食短视频的素材，并将其导入Pr软件，然后建立一个序列。这里需要注意，短视频通常都是竖屏的形式，如果前期拍摄的素材是横屏的，就不能直接把素材拖入时间轴中创建序列，需要用鼠标右键单击项目面板，选择“新建项目”→“序列”（见图6-36）。

（2）在弹出的窗口中选中“设置”，“编辑模式”选择“自定义”，“帧大小”设置为“1080水平”“1920垂直”（见图6-37），单击“确定”按钮完成序列的创建。

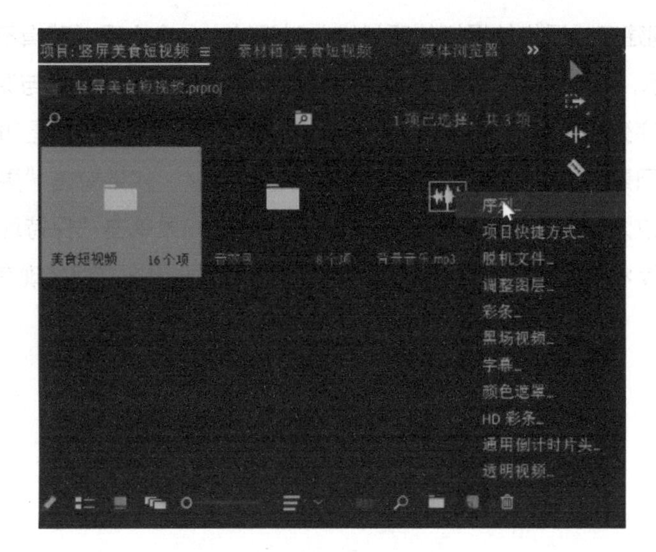
项目:竖屏美食短视频
媒体浏览器
美食短视频
16个项
序列...
项目快捷方式...
脱机文件...
调整图层...
彩条...
黑场视频...
字幕...
颜色遮罩...
HD 彩条...
通用倒计时片头...
透明视频...

图6-36

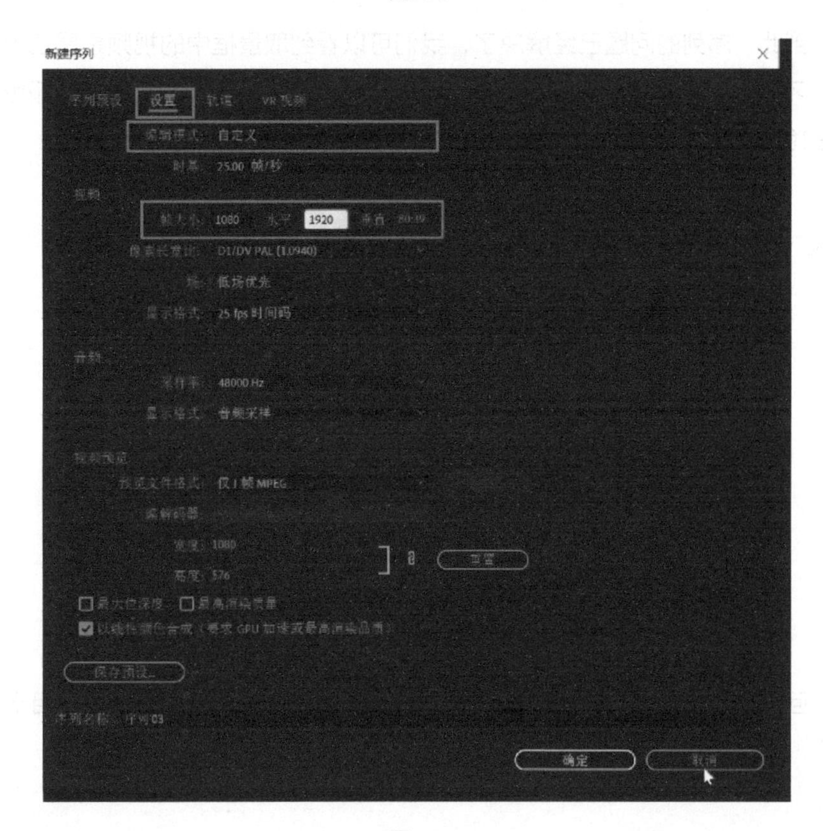
新建序列
设置
自定义
25.00 帧/秒
1080
1920
D1/DV PAL (1.0940)
低场优先
25 fps 时间码
48000 Hz
音频采样
1080
576
序列 03
确定

图6-37

（3）序列创建完成后将拍摄好的素材拖入时间轴中，会出现“剪辑不匹配警告”提示框，如图6-38所示，其中“更改序列设置”是将已经创建的序列修改为与原素材相匹配的序列；“保持现有序列”即保持设置好的序列参数。例如，这里创建的是1080像素 × 1920像素的竖屏序列，原素材是1920像素 × 1080像素的横屏素材。如果单击“更改序列设置”选项，则将序列更改为1920像素 × 1080像素的横屏序列，如果单击“保持现有设置”，则保持设置的1080像素 × 1920像素的竖屏设置。显然，这里需要单击“保持现有设置”。

图6-38

（4）到此，序列的问题已经解决了，我们可以看到取景框中的视频是黑色的背景（见图6-39），不符合美食短视频需要的小清新的风格。接下来需要改变它的背景颜色，本例要将它改成白色。

图6-39

（5）回到最初的项目栏（可以不断单击“返回上级目录”或直接单击项目卡“竖屏美食短视频”），如图6-40所示。

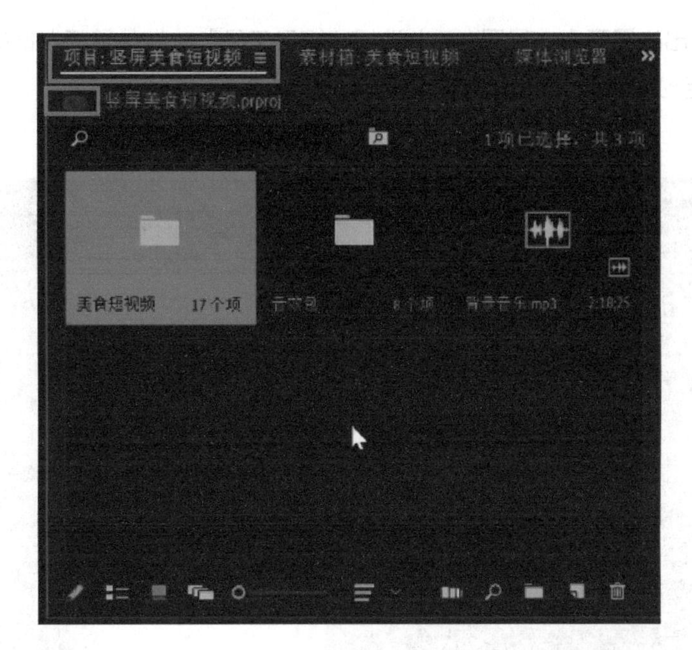

图6-40

（6）依次单击“文件”→“新建”→“旧版标题”（见图6-41），再单击“确定”按钮。

文件(F) 编辑(E) 剪辑(C) 序列(S) 标记(M) 图形(G) 视图(V) 窗口(W) 帮助(H)

新建(N)	>	项目(P)...	Ctrl+Alt+N
打开项目(O)...	Ctrl+O	作品(R)...	
打开作品(P)...		团队项目...	
打开团队项目...		序列(S)...	Ctrl+N
打开最近使用的内容(E)	>	来自剪辑的序列	
关闭(C)	Ctrl+W	素材箱(B)	Ctrl+B
关闭项目(P)	Ctrl+Shift+W	来自选择项的素材箱	
关闭作品		搜索素材箱	
关闭所有项目		项目快捷方式	
关闭所有其他项目		链接的团队项目...	
刷新所有项目		脱机文件(O)...	
保存(S)	Ctrl+S	调整图层(A)...	
另存为(A)...	Ctrl+Shift+S	旧版标题(T)...	
保存副本(Y)...	Ctrl+Alt+S	Photoshop 文件(H)...	
全部保存		彩条...	

图6-41

（7）在弹出的界面中（见图6-42）选择“矩形工具”，按住鼠标左键拖动，当矩形框覆盖整个视频后松开鼠标，之后单击“颜色”修改颜色。

图6-42

（8）在弹出的“拾色器”（见图6-43）界面中按住鼠标左键往左下角拖动，将圆形图标拉到左下角后松开，即可选中纯白色，单击“确定”按钮即可。

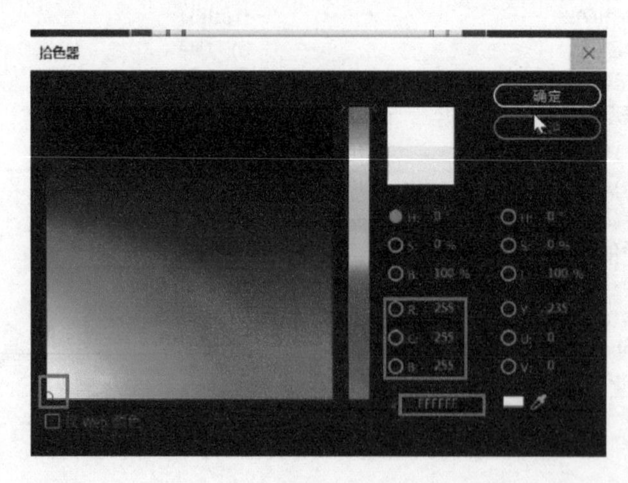

图6-43

（9）关闭旧版标题界面，项目中会多出一个刚设置好的字幕素材（见图6-44）。

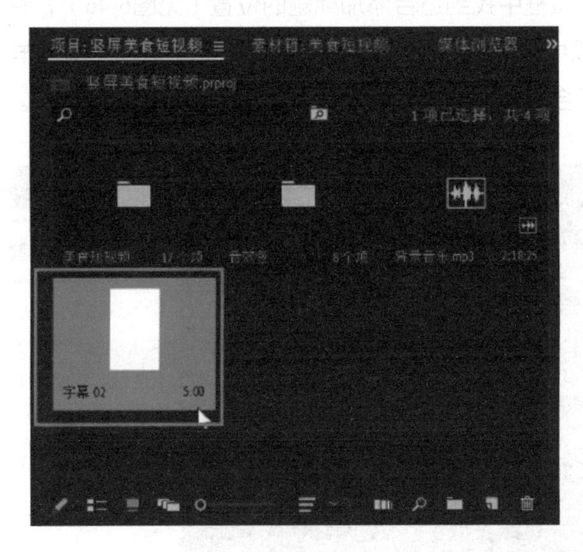

图6-44

（10）接下来应该将该素材拖曳到时间线的底层轨道。先选中时间线中的其他素材，将它们向上拖动，再将字幕素材拖入时间线，分别将鼠标光标放在字幕素材的左右两端，按住鼠标左键拖动来增加或缩短素材的持续时间，这个视频需要做多长，这段素材就可以增加到多长。之后再将背景音乐拖入时间线，并将名为“字幕2”的视频背景和背景音乐所在的轨道上锁，完成布置（见图6-45）。

图6-45

（11）视频的上方需要有一个文字标题，以便提示观众我们做的是什么美食。单击“文字工具”，在取景框中找到适合添加标题的位置（见图6-46），输入“冬季鱼羊鲜”作为标题，这时时间线中会多出一个字幕素材。如果看不见“冬季鱼羊鲜”文字，可能是字体颜色和背景颜色重合了，这里需要在接下来的字幕设置操作中解决。

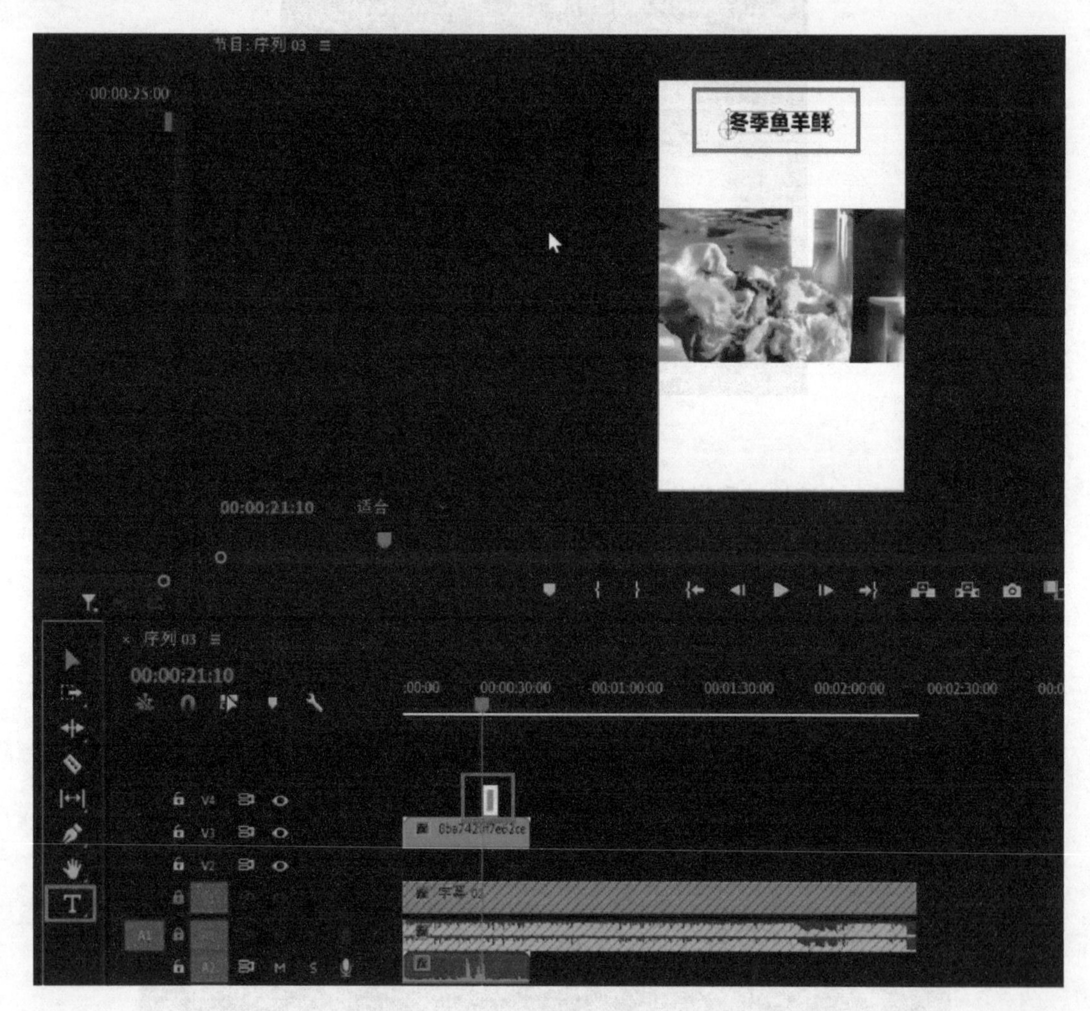

图6-46

（12）在字幕素材的“效果控件”中找到“文本”选项（见图6-47），单击“源文本”下方的下拉按钮，选择一个合适的字体。

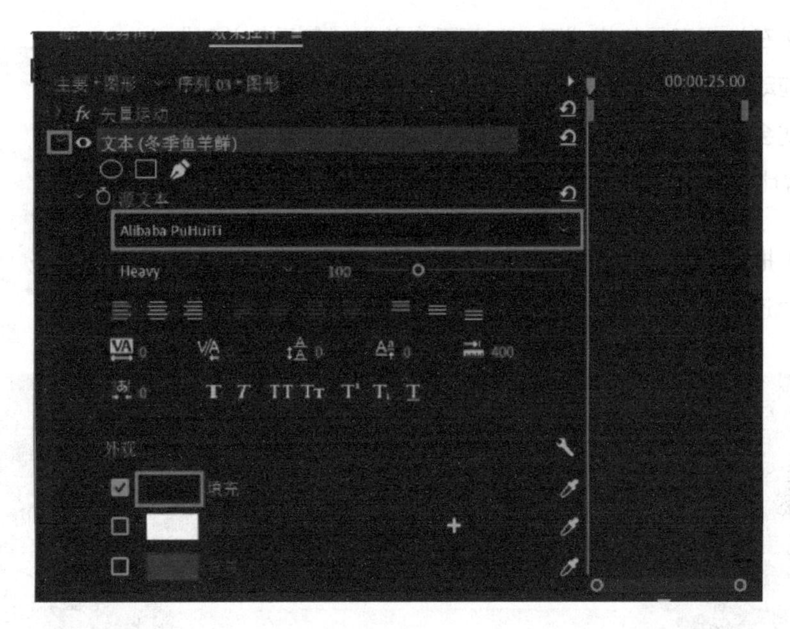

图6-47

（13）再单击下方“外观”“填充”前面的色块，在弹出的“拾色器”界面中参考前文的方法选择黑色（见图6-48），完成后单击“确定”按钮。

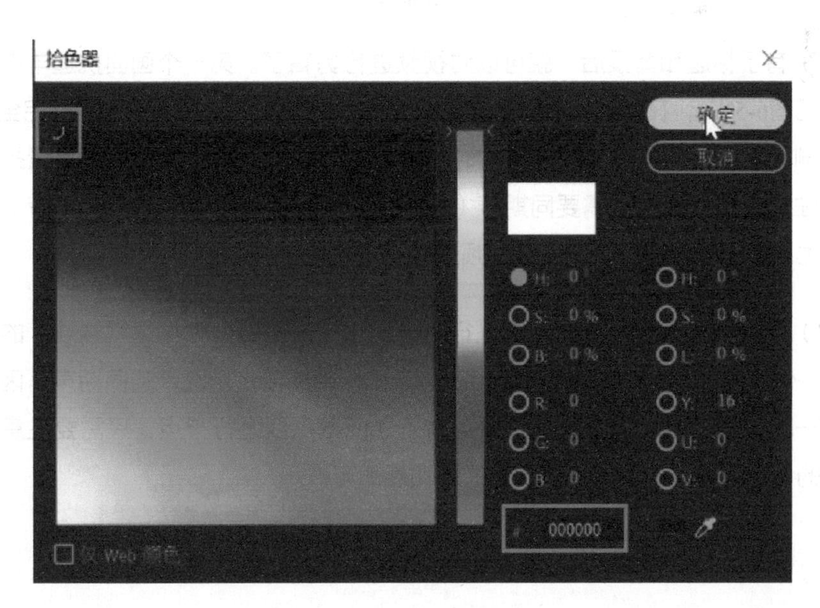

图6-48

（14）在选择工具的模式下，在画面中单击“冬季鱼羊鲜”文字后可以拖动它的位置。当鼠标光标靠近文本框的白点图案时，鼠标光标样式会改变（见图6-49），此时可以按住拖动文本框的四个边角点来等比缩放文字大小。

图6-49

（15）把这段文本素材放到“V2”轨道中，将它的长度调整到和“V1”轨道的素材等长后，再将该轨道锁定（见图6-50）。

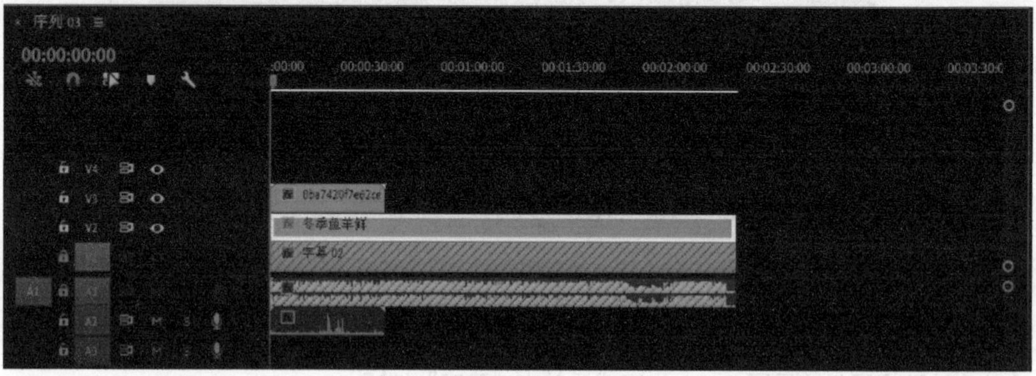

图6-50

（16）有了标题和背景后，就可以对视频进行剪辑了。第一个画面挑选羊肉入水的视频素材（见图6-51），在观看完整的素材后决定选取“羊肉入水前一刻到羊肉完全入水后”的画面，删除其余的画面，选取的素材时长大概2到3秒，之后的每段素材尽量控制在2到5秒之间。注意，这段视频不需要同期声（注：同期声是指现场实时收录的声音），而且它的同期声也比较嘈杂，因此可以删除音频素材。

（17）按照做美食的步骤对视频进行剪辑和组接。第二段素材是“翻炒”的画面（见图6-52），保留时长为3秒左右的视频。在这段素材中需要使用翻炒的同期声，因为翻炒的声音会有一种现场的真实感。美食视频与音乐之间不需要进行卡点，只需要注意背景音乐和同期声的协调，使其听上去没有明显的违和感即可。

图6-51

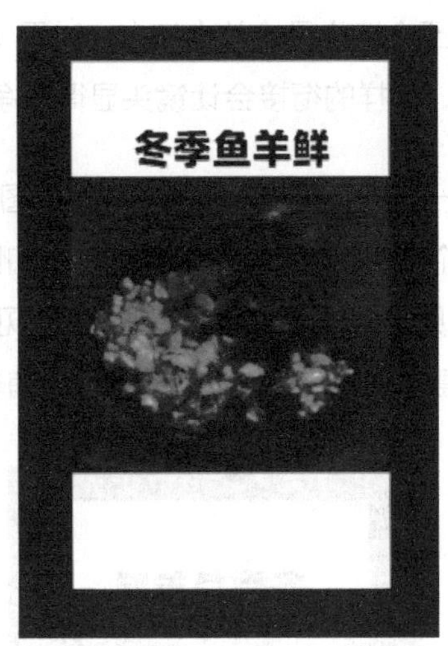

图6-52

（18）第三个镜头是一个远景的翻炒视频进行景别的切换，这是为了避免景别重复造成视觉疲劳，同时也可以交代更多的场景信息（见图6-53）。在前期拍摄的时候我们也应该注意多拍摄不同角度和不同景别的镜头，这样可以让我们在进行后期剪辑时更加顺畅。这些镜头的时长同样保持在3秒左右。

（19）第四个镜头是羊肉出锅的过程（见图6-54），我们将羊肉开始出锅并盛入碗中的那一刻作为开始画面，到它完全出锅时结束。

图6-53

图6-54

（20）第五个镜头是给羊肉加水的过程（见图6-55）。从已经有水进入锅开始剪，衔接水倒完的镜头，这样的衔接会让镜头显得干净利落。

（21）下一个镜头是放调料的过程（见图6-56），可以从已经在抓调料的画面开始剪。这里可以发现整个镜头的速度偏慢，我们稍微加快它的速度。用鼠标右键单击素材，选择“速度/持续时间”（见图6-57），在弹出的界面（见图6-58）中将“速度”改成“120”，单击“确定”按钮。注意，不要使速度太快，否则会有较为明显的抽搐感，看起来会很不自然。

图6-55

冬季鱼羊鲜

图6-56

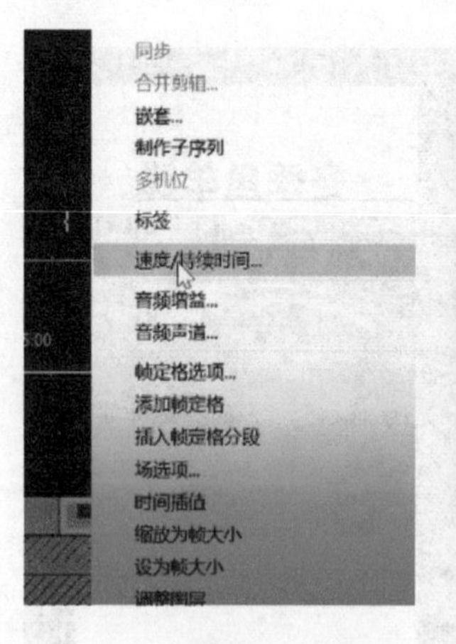

图6-57

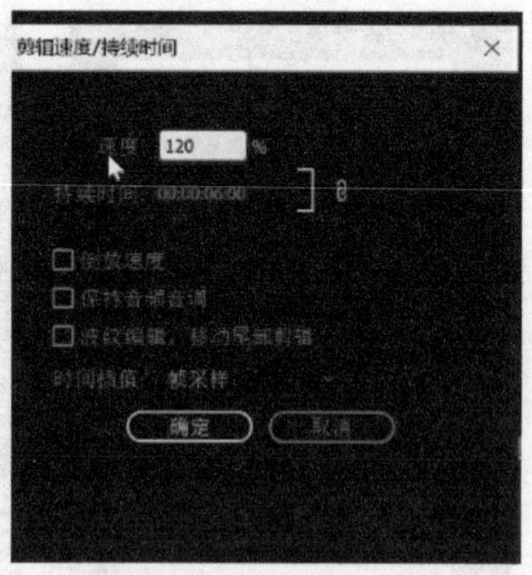

图6-58

（22）接下来是“点火后盖上锅盖”的镜头。将镜头中“点火”的画面切掉，因为看起来有些多余，而且没有展示必要。这个镜头从已经拿起锅盖开始，到盖上锅盖结束（见图6-59）。

（23）羊肉已经做完了，接下来就是洗鱼的镜头。我们可以从“把鱼的肚子翻转后掰开”的画面开始剪（见图6-60），这样可以把整个镜头的信息展现得多一些。之后把“翻炒鱼”的镜头接在洗鱼的镜头之后（见图6-61），镜头时长持续2到3秒。

（24）鱼炒完后，接下来应该将翻炒的鱼放入锅里。我们要将鱼从右边起锅的那一刻作为入点（见图6-62），放入砂锅为出点进行切出，让整个镜头显得干净利落。

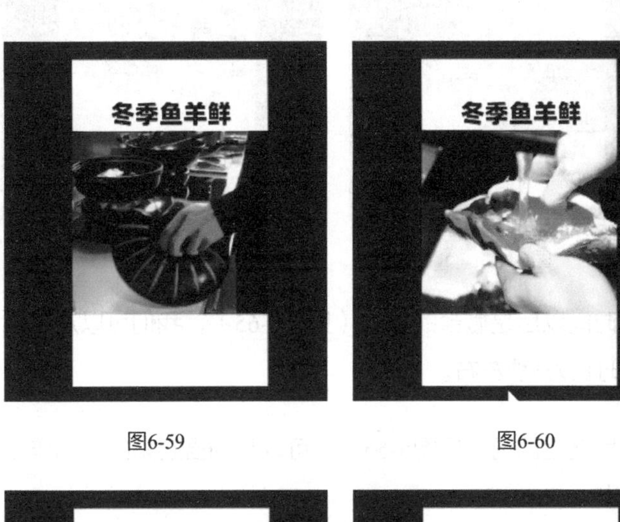

图6-59　　图6-60

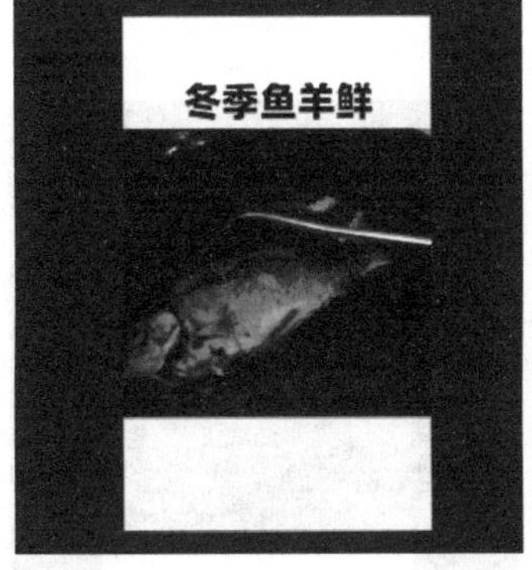

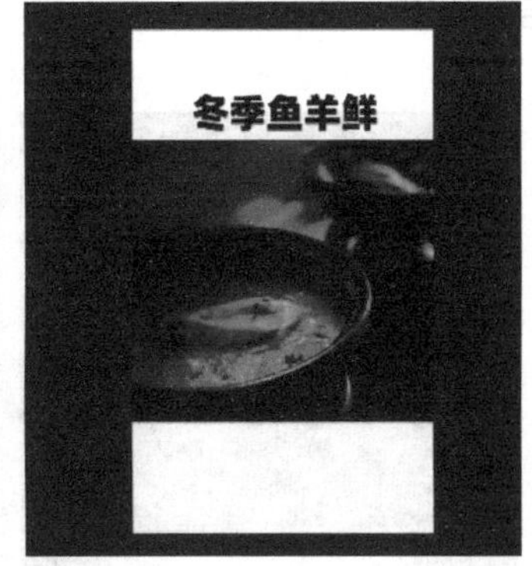

图6-61　　图6-62

（25）接下来是一个“拧计时器”的镜头（见图6-63）。将开始拧计时器的那个动作作为入口，剪辑到把计时器放到桌面的位置上的动作。

（26）之后接一个计时器的特写（见图6-64），因为这里已经开始在等待了，我们可以把这个镜头的时间保留长一点（5到6秒左右），让观众也有一种等待美食在锅中烹煮的感觉。

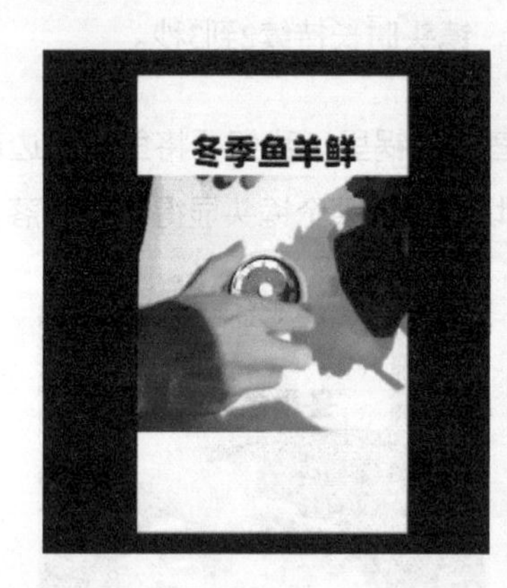

图6-63

图6-64

（27）等待一段时间以后是撒盐的镜头（见图6-65），我们可以从盐刚刚撒下去那一刻开始剪，这个镜头的时长为3秒左右。

（28）撒完盐之后就是舀汤（见图6-66），可以从汤舀起来的瞬间作为入点，这一个动作完全做完后结束切出。

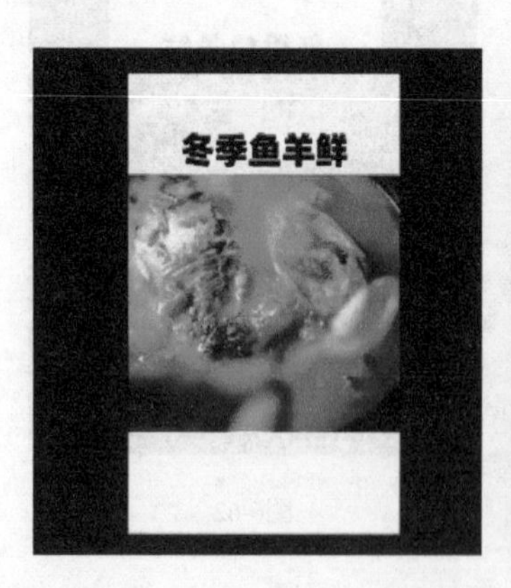

图6-65

图6-66

（29）之后就是品尝的镜头。这个镜头可以多一些时间（7秒左右），我们从有动作（抬碗）的那一刻开始剪辑（见图6-67），前面没有动作或动作不明显的画面部分删除。到这里整个视频的画面剪辑部分就结束了，接下来需要对它进行调整。

图6-67

（30）我们发现背景音乐的时长比视频画面持续的时间长，因此先剪掉多余的背景音乐。音乐剪掉之后戛然而止有些突兀，还需要在它的末尾添加淡出效果（见图6-68）。放大背景音乐所在的“A1”轨道（可以用鼠标左键双击A1轨道的空白处，也可以往下拖动A1轨道下方的边缘线），可以发现放大后的轨道中多出了一条代表音量的“白线”。按住“Ctrl”键的同时用鼠标单击白线，即可设置入点和出点的关键帧。

提示

也可以移动蓝色的时间标尺到合适位置，单击“添加关键帧”按钮，然后将出现的关键帧往下拖动以减弱音量。

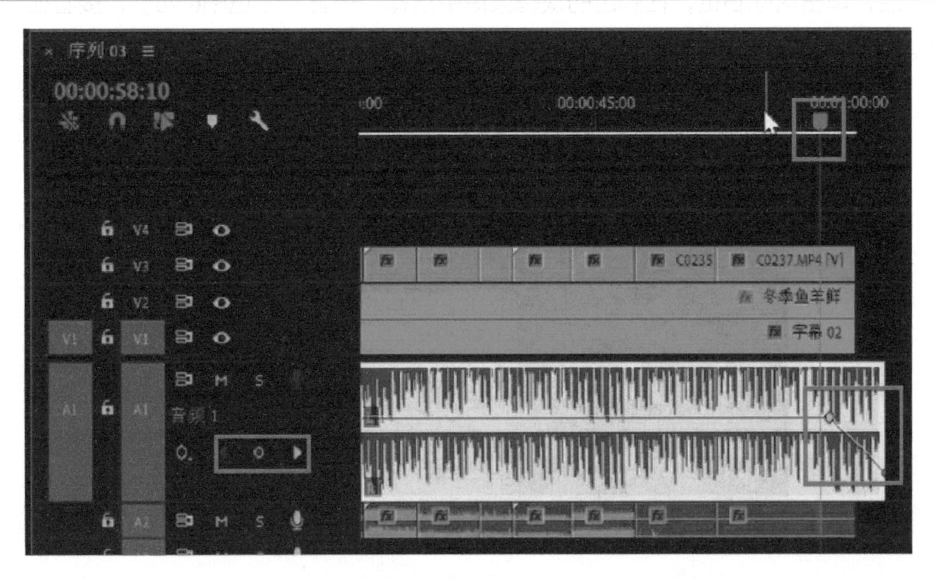

图6-68

（31）之后给视频的结尾做一个黑场。在“效果”面板里搜“黑场”，把“黑场过渡”拖曳到视频素材的尾部。注意，这里要把黑场效果同时给到画面和背景，这样它们才能同时黑场（见图6-69）。

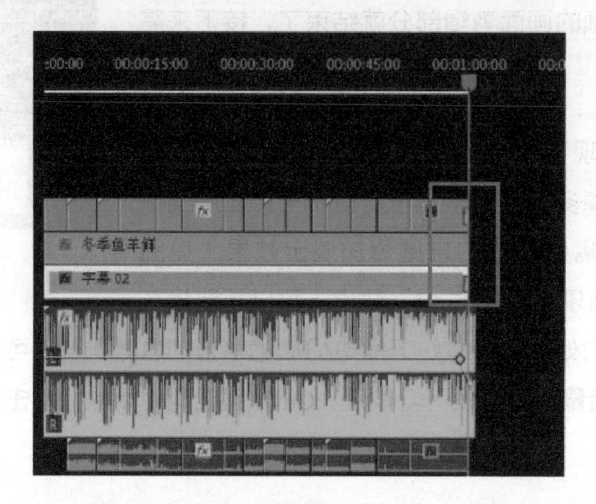

图6-69

（32）我们发现第二个镜头之后的镜头画幅比第一个镜头宽，因此需要对它们的画幅进行调整。框选V3轨道中除第一个镜头外的所有镜头（注意：这里需要打断视频与音频的连接）后，单击鼠标右键，在弹出的快捷菜单中选择“嵌套”（见图6-70），接着在弹出的对话框中单击“确定”按钮。

图6-70

（33）嵌套完成后选中嵌套序列，将它的位置往下调，使画面与文字“冬季鱼羊鲜”隔开一定的距离（见图6-71）。

图6-71

（34）再选中第一个镜头并进行缩放调整，使它与其他镜头的画幅相同（见图6-72）。这里也可以左右移动位置进行重新构图。

图6-72

（35）我们发现计时器的镜头需要重新构图（见图6-73），双击时间轴中的嵌套序列，就可以打开已被嵌套的序列并找到这个镜头（见图6-74）。选中画面，参考上述方法水平向右调整。注意，不要把计时器左边裁掉，给画面左边留出一些空间。完成之后，单击左边的序列返回上一步的剪辑序列。

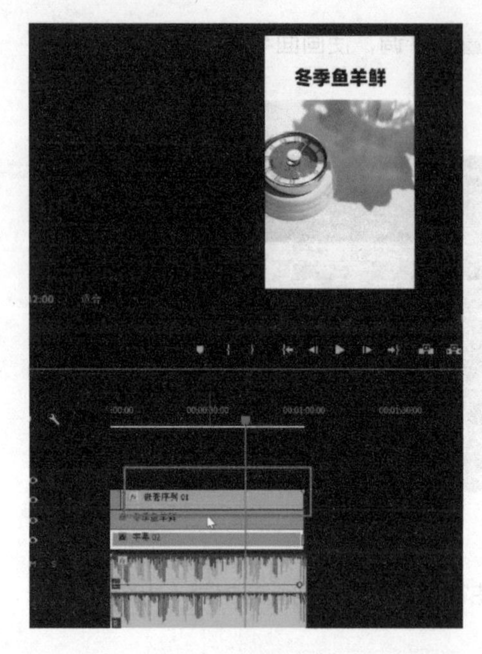

图6-73

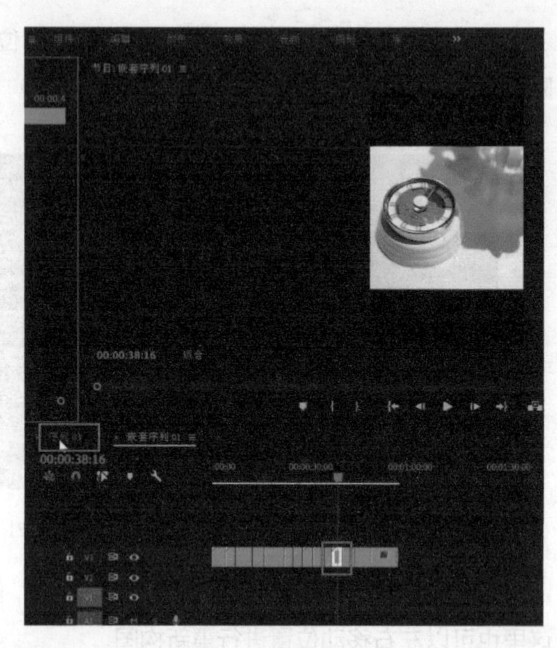

图6-74

（36）找到搜集好的音效包素材，为视频增加音效。这里提供的音效有“入水的声音”，以及“灶台火焰燃烧”“汤沸腾”等声音。如果音频轨道不够用，可以在最后一个音频轨道空白处单击鼠标右键，选择“添加单个轨道”（见图6-75）。

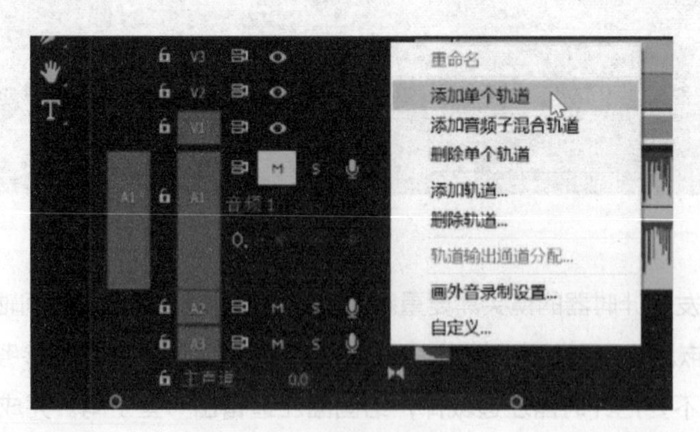

图6-75

（37）音效包里都是一些能够模仿同期声效果的音效（见图6-76），加上它就能够增强画面的真实感和观众的代入感，也可以用来代替视频录制中质量较差的音频。依次把需要用到的音效加入对应的画面位置，删除现场录制的品质差的音频。

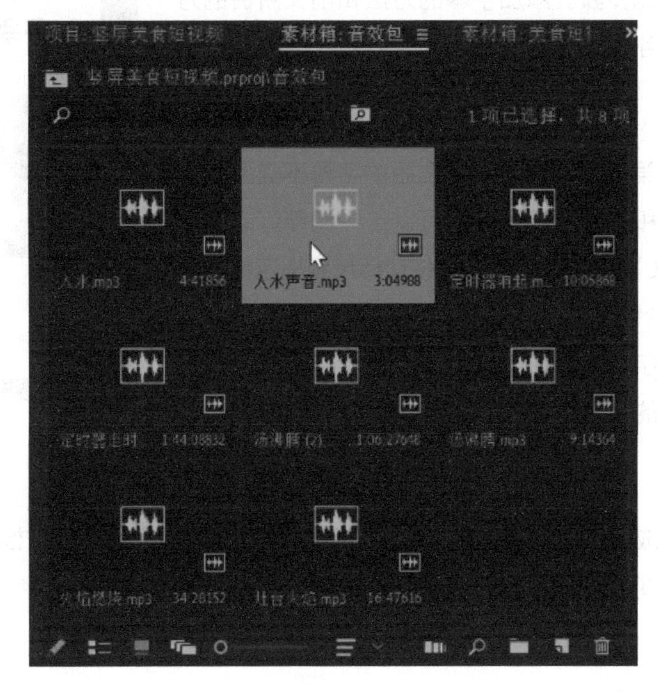

图6-76

（38）把所有的音频处理完后，根据自己的需要可以给部分音频添加淡出的效果。在“效果”中找到“音频过渡”，将“恒定功率”拖曳到素材末尾即可（见图6-77）。

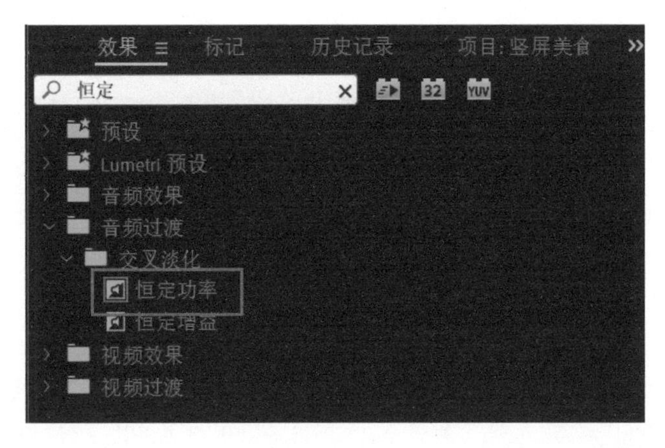

图6-77

（39）音频部分完成之后还需要给视频添加字幕，解释美食制作的操作步骤。添加字幕的方法和前文所讲的方法一样，可以使用字幕工具为视频添加字幕，效果如图6-78所示。

图6-78

（40）添加第一个字幕之后，之后的字幕不需要重复调整，只要复制和粘贴即可。这里可以选中调整好的字幕素材，按“Ctrl+C”组合键复制，再移动标尺到指定位置，按“Ctrl+V”组合键粘贴，再修改字幕中的文字内容，重复操作就可以完成字幕的添加。这里注意复制字幕的时候可能会复制到其他的轨道中，为了防止误操作，可将其他轨道全部上锁。

字幕添加完成后，整个视频制作就基本完成。再次将整个视频播放检查一遍，确认没问题后导出视频即可。